中华经典名著

全本全注全译丛书

张景　张松辉◎译注

了凡四训

中華書局

图书在版编目(CIP)数据

了凡四训/张景,张松辉译注. —北京:中华书局,2022.3
(2023.6 重印)
(中华经典名著全本全注全译丛书)
ISBN 978-7-101-15579-2

Ⅰ.了… Ⅱ.①张…②张… Ⅲ.家庭道德-中国-明代
Ⅳ.B823.1

中国版本图书馆 CIP 数据核字(2022)第 009798 号

书　　名　了凡四训
译 注 者　张　景　张松辉
丛 书 名　中华经典名著全本全注全译丛书
责任编辑　舒　琴
责任印制　陈丽娜
出版发行　中华书局
(北京市丰台区太平桥西里 38 号　100073)
http://www.zhbc.com.cn
E-mail:zhbc@zhbc.com.cn
印　　刷　北京中科印刷有限公司
版　　次　2022 年 3 月第 1 版
2023 年 6 月第 4 次印刷
规　　格　开本/880×1230 毫米　1/32
印张 8¾　字数 180 千字
印　　数　60001-80000 册
国际书号　ISBN 978-7-101-15579-2
定　　价　24.00 元

目录

前言

一个人的命运，究竟是上天注定的，还是掌握在自己手中？如果命运掌握在自己手中，那么又该如何去改善命运？这一问题，大概是古今中外的人们所普遍关心的问题。明代袁了凡先生在他的《了凡四训》中就用自己的亲身经历，对这一问题做出了令人信服的回答。

一

嘉靖十二年（1533）十二月十一日，袁了凡先生出生于浙江嘉善（今浙江嘉善），初名表，后改名黄，字坤仪，又字仪甫，初号学海。后来遇到云谷禅师，明白了"命由我作，福自己求"的立命之学，于是就不愿再做一个受制于命运的凡夫俗子，故改号为"了凡"，也即从此了却凡夫之身的意思。

了凡先生祖籍在江南吴江（今江苏苏州吴江区），晚年又归隐于吴江，所以一般认为他是江南吴江人（见彭绍升《袁了凡居士传》）。但由于他的祖父袁祥入赘到与吴江相邻的嘉善殳氏，而且他也出生于此地，因此他又被视为嘉善人。

了凡先生十四岁时，父亲去世。遵照身为医生的父亲遗愿，了凡先生放弃了举业而开始学医。十七岁时，他偶遇善于预测命运的孔先生，在孔先生的鼓励下，重拾举业，并于第二年进学（考中秀才）。这应该是了凡先生人生的第一个转折点。由于他对孔先生的命运预测深信不疑，认定一切皆已命中注定，因此在很长一段时间里，他便听天由命，随遇而安，不思进取了。正是因为进取心不足，了凡先生先后于二十岁、二十三岁、二十六岁、二十九岁、三十二岁时参加了五次乡试，全遭失败。

隆庆三年（1569），已经三十七岁的了凡先生从北京回到家乡江南，拜访了南京栖霞寺的云谷禅师。在云谷禅师的恳切教导下，了凡先生悟得了建立在因果报应思想基础之上的立命之学，于是改号为“了凡”，从此努力行善，积极进取，以图改善自己的命运。这一年应该是了凡先生人生的第二个转折点。

隆庆四年（1570），三十八岁的了凡先生参加应天府（今江苏南京）乡试，在参加了六次乡试后，终于中举。此后，他又分别于三十九岁、四十二岁、四十五岁、四十八岁、五十一岁参加五次会试，也均未成功。就在第五次参加会试失败的那一年（万历十一年，1583）九月十三日，了凡先生“复起求中进士愿，许行善事一万条”（《立命之学》），他决心以善心善行感动天地鬼神，以求取科举功名。

万历十四年（1586），已经五十四岁的了凡先生经历了五次会试失败，终于在此年考中了进士，并奉命协助赵用贤清核苏松（今江苏苏州及上海松江区一带）钱粮，事后上《苏州府赋役议》，未被接受。万历十六年（1588）授顺天府通州宝坻（今天津宝坻区）知县，任职期间，政绩卓著，深受百姓爱戴。

万历二十年（1592），六十岁的了凡先生调任兵部职方主事。此时倭寇入侵朝鲜，朝廷决定出兵援朝。蓟辽经略宋应昌上疏朝廷，请了凡先生到军营辅助、筹划军事，并负责督察救援朝鲜的军队，于是了凡先生就与刘黄裳一同渡过鸭绿江入朝。平壤战役时，提督李如松以权诈手段战胜倭寇，了凡先生反对李如松以诈取胜的行为，认为这种行为有损于明王朝的威望，并禁止其部下斩取民众首级报功。两人遂成嫌隙。不久，李如松兵败碧蹄馆，他为了推脱自己的责任，反而以十项罪名弹劾了凡先生。不久，朝中有拾遗官弹劾了凡先生在任宝坻知县期间放任百姓逃税，了凡先生为此受到处分，削去官职，回到家乡吴江，从此闭户著书。

万历三十四年（1606）七月，了凡先生辞世，终年七十四岁。天启元年（1621），朝廷追叙了凡先生征讨倭寇的功劳，追赠尚宝司少卿。

了凡先生少年时即聪颖敏悟，卓有异才，对天文、术数、水利、军政、医药等无不研究，一生著述颇丰。据不完全统计，共计有著述二十余部，主要有《了凡四训》《训儿俗说》《袁氏易传》《尚书大旨》《春秋义例全书》《祈嗣真诠》《宝坻劝农书》以及袁了凡兄弟共同编写的《庭帏杂录》等。

二

《了凡四训》是一本流行极广、影响极大的劝善书，其核心思想就是“命由我作，福自己求”（《立命之学》）。本书共分四个部分，从不同的角度对这一核心思想进行论证。

第一部分：立命之学

可以说，了凡先生六十九岁时为儿子袁天启撰写的《立命之学》是全书的精华部分。所谓“立命”，就是自己把握、创造自己的命运。关于“立命”一词，《孟子·尽心上》已经提到：“尽其心者，知其性也；知其性，则知天矣。存其心，养其性，所以事天也。夭寿不贰，修身以俟之，所以立命也。”了凡先生在云谷禅师的启发下，继承了这一思想。他在本篇中现身说法，用自己的亲身经历证明普通民众的命运是先天注定的，而那些一心修德、终身行善的人，完全可以改变自己的命运，提升自己的生活质量。

在中国古代，对待命运的看法，大致可以分为两类，一是宿命论，也即人们常说的“命中注定”；二是报应论，也即人们常说的“善恶有报”。这两种观点截然相反，一直无法较好地圆融在一起。

商纣王就是典型的命定论者，在周文王的势力不断扩大时，纣王却深信“我生不有命在天乎？是何能为！”(《史记·宋微子世家》)纣王认为自己当天子是命中注定，是上天的旨意，既然如此，人就无奈其何。于是他对周王朝的兴起淡然处之，就像早期笃信宿命论的了凡先生那样：“余因此益信进退有命，迟速有时，澹然无求矣。”(《立命之学》)放弃人事努力的宿命思想导致纣王国破家亡。因此，墨子就坚决反对宿命论，他指出，如果相信一切都是命中注定，那么王公大人也就不会再去尽心听政断狱了，农夫也就不会再去努力耕田种地了，妇人也就不会再去尽力纺绩织纴了。所以他得出结论：“命者，暴王所作，穷人所术，非仁者之言也。”(《墨子·非命下》)还有一些思想家则摇摆于二者之间，孔子即是如此。他提出“五十而知天命”(《论语·为政》)、“不知命，无以为君子也”(《论语·尧曰》)的主张，其弟子子夏在此基础上总结出“死生有命，富贵在天”(《论语·颜渊》)这一几乎人人皆知的名言；但孔子同时又在《周易·坤卦·文言》中说：“积善之家，必有余庆；积不善之家，必有余殃。”由此可见，孔子同时具有宿命论与报应论这两种相互对立的命运观，但他并没有对这两种命运观进行较为圆融的解释。

了凡先生《立命之学》的精巧之处有二：

一是他把宿命论与报应论这两种命运观巧妙地融合在一起。了凡先生认为，对于那些既不努力行善也不肆意作恶的普通人来说，他们的命运早已被上天注定；而那些努力行善与肆意作恶的人，其命运则会随着各自不同的行为而发生不同的变化。换言之，宿命论与报应论适应于不同的人群。当然，了凡先生在不否定命定论的基础上，更强调报应论。

二是了凡先生在融合这两种命运观的时候，不是停留在抽象的理论层面，而是与自己的亲身经历结合在一起，他把自己笃信宿命论时的生活情形与悟得“命由我作”后的命运改善情况作一鲜明对比，用亲历的事实印证善恶有报的真实不虚。了凡先生边说理，边叙事，相互彰明，再加上这些话是对其子袁天启讲的，态度恳切，语言朴实，所以具有极强的说服力。

第二部分：改过之法

既然善恶有报，那么改正错误、消除罪孽就成为一个人的当务之急，所以了凡先生就自然而然地提出如何改过的问题。在这一部分，了凡先生阐述了具体的改过方法：

首先，改过需要“三心”，即羞耻心、敬畏心、勇敢心，也就是要求改过者在明辨是非的基础上，带着满怀愧疚的羞耻之感与战战兢兢的敬畏之心，去勇敢地改正错误。

其次，了凡先生提供了改过的三条途径，一是从事上改，二是从理上改，三是从心上改。“从事上改”是就事论事，强制自己不做坏事；“从理上改”是指想清楚道理后，再去顺理成章地改正错误；“从心上改”是指从心底深处清除一切错误念头。了凡先生认为，“从心上改”是最好的方法，一旦心中有了正念，就如同“太阳当空，魍魉潜消”一样，所有的错误念头与过失行为都将自然消失。

最后，了凡先生还指出改正错误后的一些可喜征兆以及作恶多端者的表现，并列举了前代贤人的改过经验，以供改过者参考。

第三部分：积善之方

改正过失、消除罪孽只是做人的底线，并不能使人得到福报。一个人要想把握、改善自己的命运，还必须不断地积累自己的善行。于是了凡先生在阐述“改过之法”之后，接着就为人们提供了“积善之方”。

本篇首先用孔子、舜帝的故事引出“积善之家，必有余庆”（《周易·坤卦·文言》）这一道理，接着用十件事实进一步对这一道理予以印证；为了避免行善时出现偏差，了凡先生还不厌其烦地辨析了行善的真与假、端与曲、阴与阳、是与非、偏与正、半与满、大与小、难与易等八个问题；为了指导人们行善，了凡先生又列举了与人为善、爱敬存心、成人之美、劝人为善、救人危急、兴建大利、舍财作福、护持正法、敬重尊长、爱惜物命等十类具体的行善内容。

本篇在开篇立论的基础之上，层层展开，步步深入，具有严密的逻辑性与极强的说服力。

第四部分：谦德之效

谦虚不过是各种美德之一，而了凡先生专列一篇阐述谦虚之德，可见作者对这一问题的重视程度。

了凡先生开篇就引用《周易》与《尚书》的格言，说明谦虚的益处；接着一连讲述了五个故事，用事实证明“满招损，谦受益”（《尚书·大禹谟》）的道理；最后强调，求取功名、福祉的主动权完全掌握在自己手中，只要自己能够立定志向，时时保持谦虚，处处与人方便，就一定能够得到上天的福佑，就一定能够获取功名。

在简要介绍全书主要内容之后，我们还有三个问题需要进一步讨论。

第一，关于了凡先生的身份定位问题。

综观这四个部分，可以说了凡先生在论述“命由我作”这一主张时，汲取了儒、释、道三家思想，在这三家思想中，又以儒、释两家最为突出。了凡先生用来“立命”的方法，主要是建立在佛教的因果报应思想基础之上，再加上这一思想是受教于云谷禅师，他晚年在家修持时又自号“了凡居士”，因此不少人视了凡先生为佛教中人。这一看法不无道理，但并不全面。因为统观全书，了凡先生主要还是一位儒生，他本质上是一位有着佛教信仰的儒家人物。

了凡先生出生于以儒家五经相传的家庭，从小就接受儒家教育，其父袁仁说：“吾祖生吾父，岐嶷秀颖，吾父生吾，亦不愚，然皆不习举业，而授以五经古义。生汝兄弟，始教汝习举业，亦非徒以富贵望汝也。伊、周勋业，孔、孟文章，皆男子当事。”（《庭帏杂录》上卷）。而了凡先生用来教育其子袁天启的，也首先是儒学：“汝今十四岁，明年十五，正是志学之期。须是立志求为大人。大人之学，‘在明明德，在亲民，在止于至善’。此不但是孔门正脉，乃是从古学圣之规范。”（《训儿俗说·立志第一》）从这里不难看出，袁家对子孙的期待是成贤成圣，而非成佛。

了凡先生在云谷禅师的启发下，对佛教的因果报应深信不疑，先后下定决心要做三千件、一万件善事，他做善事的目的不是为了成为出家的高僧，进而成佛，而是为了求取科举功名，担负起治国平天下的儒家责任：

> 袁公既仕，以其学施于用，为邑宰则惠泽在邑，擢郎署则谋猷在郎署，参军事则功绩在边陲。……公志不大酬，而还以其学教于家，训诸其子天启。（沈大奎《训儿俗说·序》）

讲这段话的沈大奎是了凡先生的“通家之好”，他总结了凡先生修善积德的目的在于施惠于百姓、献策于朝廷、建功于边陲，他所说的“不大酬”的“志”，是指了凡先生的远大政治抱负未能得到实现。了凡先生在《积善之方》中所列举的十位积德行善的人物，在《谦德之效》中所列举的五位谦光照人的文人，他们所得到的福报无不是本人或其子孙进士及第，进而成为造福国、民的一代名臣。简言之，了凡先生从儒生身份出发，借用佛教的积德行善这一路径，最终通过科举考试，实现一位儒生治国平天下的夙愿。

第二，贯穿全书的主旨是修心问题。

了凡先生在论述修德行善的时候，紧扣一个“心”字。在谈到把握自我命运时，了凡先生深信六祖惠能“一切福田，不离方寸；从心而觅，感无不通”（《立命之学》）的教诲，认为要想为自己“立命”，首先要从“心”做起。在讨论“改过之法”时，了凡先生特别强调羞耻心、敬畏心、勇敢心这“三心”；他在提供改过的三条途径时，也把“从心上改”放在最重要的位置上：“过有千端，惟心所造；吾心不动，过安从生？……过由心造，亦由心改，如斩毒树，直断其根，奚必枝枝而伐、叶叶而摘哉？”（《改过之法》）在谈到“积善之方”时，了凡先生反复强调的是“存心”：“君子与小人，就形迹观，常易相混，惟一点存心处，则善恶悬绝，判然如黑白之相反。”（《积善之方》）因此当一女子把自己仅有的两枚铜钱捐给寺庙时，寺庙住持亲自为她举办了忏悔仪式；富贵后的该女子再次携带数千两银子到该寺庙施舍，而寺庙住持仅仅让自己的徒弟为她举行了一场回向仪式而已。其原因就是：“前者物虽薄，而施心甚真，非老僧亲忏，不足报德；今物虽厚，而施心不若前日之切，令人代忏足矣。”（《积善之方》）至于本书第四部分所讲的“谦德”，更是一个“心”的问题：“此心果谦，天必相之。”（《谦德之效》）只要心存谦德，上天就会处处护佑于他。

善恶皆由心生。所以说了凡先生处处把握着一个“心”字，是把握住了为人处世的关键。

第三，关于不执著于追求福报的问题。

本书有一个明显的矛盾之处，那就是了凡先生一边赞美不执著的行善原则，一边又大讲行善者的福报：

> 又为善而心不著善，则随所成就，皆得圆满。心著于善，虽终身勤励，止于半善而已。譬如以财济人，内不见己，外不见人，中不见所施之物，是谓三轮体空，是谓一心清净，则斗粟可以种无涯之福，一文可以消千劫之罪。倘此心未忘，虽黄金万镒，福不满也。（《积善之方》）

了凡先生接受了佛教思想，认为行善者不要自我感觉到是在行善，更不要求受惠者的回报，这也是道家所提倡的“大仁”与儒家所提倡的“安仁”。了凡先生接着又提醒行善者：只有不执著于行善，才能够“斗粟可以种无涯之福，一文可以消千劫之罪”。不仅如此，本书所列举的大量事例，无不是以福报去劝诱人们行善。对于这一矛盾言行，我们只能用周安士先生的一段话予以解释：

> 立命之说，发于孟子，而能身体力行、历历有验者，则了凡先生一人而已。……世俗见人力行善事，便从而讥之曰：“作善须无心，若一执著，便生望报之想。”此种议论，未尝不高明，然而阻人勇往之志多矣。农夫终岁勤动，而曰尔无望收获；士子十年辛苦，而曰汝勿想功名，彼能欣然从之乎？（憨山大师《云谷大师传》附注）

周安士先生认为，不执著的主张固然高明，然而对于世人来说，要求他们种地不求收获，读书不求功名，实在是强人所难。换言之，对于世人，只能用福报去劝诱他们行善。关于这一点，了凡先生在《积善之方》中也给予了明确回答，他在讲述子贡赎人不领取赏金、子路救人接受酬谢这两个故事后，说："自俗眼观之，子贡不受金为优，子路之受牛为劣，孔子则取由而黜赐焉。乃知人之为善，不论现行而论流弊，不论一时而论久远，不论一身而论天下。现行虽善，而其流足以害人，则似善而实非也；现行虽不善，而其流足以济人，则非善而实是也。"也就是说，在评价人们的善行时，不能只看当下的效果，也要考虑是否会为后世带来不良的效应；不要只看某个人的道德水平，也要看整个天下民众的道德水平。由此可见，以福报劝诱民众行善，是不得已而为之。

三

不少人都认为《了凡四训》是一本作于了凡先生六十九岁时的训子文："（袁了凡）著《戒子文》四篇行于世。"（彭绍升《袁了凡居士传》）"袁了凡先生训子四篇，文理俱畅，豁人心目。"（印光法师《了凡四训·序》）而实际并非如此。《了凡四训》中的四个部分并非同时写就，也非来自同一本书。

第一部分《立命之学》撰写于万历二十八年（1600），了凡先生时年六十九岁。他总结自己一生的经历与经验，以此来训导儿子。该文原名《立身篇》或《省身录》，收录于了凡先生的《游艺塾文规》中。《改过之法》与《积善之方》则是了凡先生的早年作品，属于《祈嗣真诠》中的两篇文章，篇名分别为《改过第一》《积善第二》（又名《科第全凭阴德》）。《谦德之效》是了凡先生的晚年之作，原名《谦虚利中》。所谓"谦虚利中"，意思是谦虚谨慎有利于考中科举，是专为修习举业的士子所著。这篇文章也曾收录于《游艺塾文规》。

根据日本学者酒井忠夫《中国善书研究》（刘岳兵译，江苏人民出版社2010年出版）考证，《了凡四训》的四个部分原本各自成文，因为它们的主旨较为一致，都是在阐述善恶有报、命由我立的思想，所以明末时期流行于扬州一带的《阴骘录》（和刻本）就把《立命之学》《谦虚利中》

《改过》《积善》四篇收录在一起。到了清朝初年,《丹桂籍》首次把这四篇合称为《袁了凡先生四训》。

《了凡四训》在辗转传抄、刻印的过程中,各版本文字有所不同,我们这里呈献给读者的是以中华书局1922年《袁了凡先生四训》影印本为底本。我们在写作中,除了译注之外,对一些有歧义的地方和一些能够进一步发挥之处,还增加了"评注"部分,以便帮助读者对该书的含义有更深入的理解。《了凡四训》一书虽然较为通俗,但也涉及许多历史事件、典章制度、人物地名,再加上我们的学识所限,不当之处,还望方家与读者不吝指出。

在写作过程中,我们参考了尚荣、徐敏、赵锐的《了凡四训》,还有李娟与李月娥编辑的《了凡四训》、林志鹏与华国栋的《训儿俗说译注》等,这里特向他们表示谢意!

张景　张松辉

2021年8月

第一篇　立命之学

【题解】

立命，自己把握、创造自己的命运。本篇写于袁了凡六十九岁时。在这里，他现身说法，用自己的亲身经历，证明那些不积极行善也不肆意作恶的普通人的命运是先天注定的，而那些一心修德、终身行善的人，完全可以改善自己的命运，提升自己的生活质量。在中国古代，对待命运的看法，大致可以分为两类，一是命定论，一是报应论，而袁了凡则把这两种命运观巧妙地融合在一起，在不否定命定论的基础上，更强调报应论。由于袁了凡用来印证个人观点的是自己亲历的事实，再加上这些话是对其子袁天启讲的，态度恳切，语言朴实，所以具有极强的说服力。

余童年丧父①，老母命弃举业学医②，谓③："可以养生④，可以济人⑤，且习一艺以成名⑥，尔父夙心也⑦。"

【注释】

①余：我。丧父：袁了凡十四岁时，父亲袁仁去世。

②举业：举子业。指科举时代专为应试做准备的学业。科举考试，是从隋唐至明清时期分科考选文武官吏后备人员的制度。详见"评注"。

③谓：说。

④养生：养活全家性命。学医既可维持全家生计，也可保护全家健康。

⑤济人：救助别人。济，救济，救助。

⑥一艺：一门技艺、技术。这里指医术。

⑦尔父：你的父亲。尔，你。夙心：夙愿。夙，素有的，旧有的。袁了凡的父亲叫袁仁（1479—1546），字良贵，号参坡。袁仁一生以医为业，但他博览群书，天文地理、历书兵刑、水利医学等，无不精通，贤能闻于地方。袁了凡之子袁天启《庭帏杂录·序》："闻诸吾父，谓吾祖之学，无所不窥而寓意于医，借以警世觉人。"因为袁仁身为医生，所以希望儿子能够继承父业，也成为医生。

【译文】

在我童年时，父亲就去世了，母亲要我放弃科举考试的学业而去学医，她说："学医可以养活全家，也可以救助别人，而且学习一门技艺还能够以此成名，这也是你父亲一直以来的愿望啊。"

【评注】

一般认为，科举制度始自隋唐。此后科举考试的形式与内容历代各不相同，如唐代文科考试科目很多，每年举行。明清两代文科考试只设进士一科，考八股文；武科考骑射、举重等武艺。袁了凡是明代人，后来又以科举出仕，我们就根据《明史》《明会典》《中国通史》（白寿彝主编）等书，简单地介绍一下明代科举考试制度。

明代科举考试是一个层次、等级、条规、名目都很繁多的庞大体系，大约分童试、提学试（清代称院试）、乡试、会试、殿试五级。

童试：又叫县试，是明代最初级的地方考试，通过县、府两次考试者，可以成为童生。在取得生员（秀才）资格之前，无论年龄大小，都称童生。成为童生之后，才有资格参加提学试（院试），其中成绩优异者才能称为秀才。

提学试（后又称院试）：通过这一级考试者为生员（即秀才）。提学是官名，具体负责巡察各省学政。明清时期，要想考取秀才，必须经过县、府、提学三级考试，县试通过后，才有资格参加上一级府试；府试通过后才有资格参加提学试。三级考试全部通过，进入府学、县学读书，称为进学，进学者也即生员（秀才）。

乡试：通过这一级考试者为举人。正常情况下，每三年举行一次，考试地点在省城。考试时间一般定在八月，故称“秋试”“秋闱”。考取举人后即具备做官资格，乡试第一名称为解元。

会试：通过这一级考试者为“准进士”（清代称贡士）。会试在乡试后第二年的二月举行，考试地点在京师，由礼部主持，故称“春闱”或“礼闱”。之所以称考试通过者为“准进士”，是因为其进士资格还需殿试时的最终确认，但一般不会被黜落。会试第一名称会元。

殿试：明代科举的最后一级考试，在会试后的一个月即三月举行。殿试由皇帝亲自主持。明代殿试一般不会黜落考生，只排定名次。殿试分考生为三甲（三个等级），一甲只有三人：状元、榜眼、探花，赐进士及第；二甲若干人，赐进士出身；三甲若干名，赐同进士出身。这三甲统称为“进士”。唐宋时期，进士分为甲、乙两科；到了明清两代，统称进士为甲科，举人为乙科。

以上仅仅是明代科举考试的大致情况，具体内容极为复杂，且时有变化。科举制度是封建时代所能采取的最公平的人才选拔形式，吸收了大量出身中下层社会人士进入统治阶层。特别是唐宋时期，科举制度显示出其生气勃勃的进步性，形成了中国古代文化发展的一个黄金时代。宋代以后，由于专制主义的加强与考试内容的僵化，科举的消极性逐渐凸显出来。

后余在慈云寺[①]，遇一老者，修髯伟貌[②]，飘飘若仙[③]，余敬礼之。语余曰：“子仕路中人也[④]，明年即进学[⑤]，何不读书？”余告以故，并叩老者姓氏里居[⑥]。曰：“吾姓孔，云南人也[7]。得邵子皇极数正传[8]，数该传汝[9]。”

【注释】

①慈云寺：全国各地名叫慈云寺的寺庙很多，一般认为袁了凡为苏州吴江（今江苏苏州吴江区）人，其出生地嘉善距此处也不远，考虑到当时袁了凡还很年轻，活动范围应该在苏州一带，因此这里说的慈云寺应指苏州吴江区的慈云寺。该寺始建于南宋咸淳年间（1265—1274），是江南名刹。据林志鹏、华国栋《训儿俗说译注》附录三《袁了凡年表事略》考证，袁了凡在慈云寺遇到孔先生的时间是嘉靖二十八年（1549），时年十七岁。

②修髯（rán）：长长的胡须。修，长。髯，两腮的胡子。这里泛指胡须。伟貌：身材高大壮美。伟，高大，壮美。

③飘飘：神采飘逸、洒脱的样子。

④子：您。对对方的尊称。仕路：仕途，官场。

⑤进学：科举时代，童生应试合格，录取入府、县学校修习学业，称“进学”。进学的童生称生员（秀才）。明清时期，凡是准备参加科举考试的读书人，无论年龄大小，未考取生员（秀才）资格之前，统称为童生。《明史·选举志》：“士子未入学者，通谓之童生。”成为童生方有资格参加提学试，成绩佼佼者才能成为生员。

⑥叩：叩问，询问。里居：住址。这里指家乡。里，古代的一种居民组织，先秦以二十五家为一里。这里泛指家乡。

⑦云南：云南既是省名，也是府、县名。作为省名，即今云南省；作为府名，即今昆明市；作为县名，即今云南祥云。这里说的云南，不详具体所指何处。

⑧邵子：即邵雍（1011—1077），字尧夫，号安乐先生，谥康节。北宋共城（今河南辉县）人。著名理学家，好《周易》。曾师从李之才，学有大成，著有《皇极经世书》《观物内外篇》《渔樵问对》

《伊川击壤集》等。皇极数：邵雍撰《皇极经世书》，叙述尧至后周治乱兴亡的历史，并用《周易》卦象来解释王朝盛衰的命运，认为数皆前定，故称"皇极数"，其中也涉及推算个人的祸福吉凶。正传：嫡传。

⑨数该传汝：依据定数应该传授给你。数，命运，定数。

【译文】

后来我在慈云寺，遇到一位老人，他胡须修长而相貌伟岸，神采飘逸就像神仙一般，我对他非常尊敬并向他行礼。老人问我说："您注定是官场中的人啊，明年就可以去参加岁试进入府、县学校当秀才了，为何还不读书呢？"我就把母亲让我放弃科举去学医的缘故告诉他，并且询问老人的姓氏与籍贯。老人告诉我说："我姓孔，是云南人。我得到了邵雍先生《皇极经世书》的嫡传，命中注定应该把这门学问传授给你。"

余引之归①，告母。母曰："善待之。"试其数②，纤悉皆验③。余遂启读书之念④，谋之表兄沈称⑤，言："郁海谷先生在沈友夫家开馆⑥，我送汝寄学甚便⑦。"余遂礼郁为师⑧。

【注释】

①余引之归：我把这位老人邀请到家里。引，引领。这里引申为邀请。

②数：指占卜之术。

③纤悉皆验：大小事情全部应验。纤，细小，小事。悉，详尽，全部。

④遂：于是。启：开启，产生。

⑤谋之：商量此事。沈称：袁了凡的表兄。生平不详。

⑥郁海谷：袁了凡的老师，生平不详。沈友夫：人名。生平不详。开馆：开设学馆。也即常说的私塾，旧时宗族、家庭或教师个人设立的教学处所。

⑦寄学:跟随别人一起学习。甚便:非常方便。

⑧礼郁为师:拜郁海谷先生为师。礼,礼拜。

【译文】

我就把这位孔先生邀请到家里,并禀告给母亲。母亲说:"要好好招待他。"我们试验他的占卜之术,结果事无大小全部应验。我于是就产生了继续读书、参加科考的念头,并与表兄沈称商量此事,表兄说:"郁海谷先生正在沈友夫家里开设私塾,我送你去那里跟着他们一起学习也很方便。"于是我就拜郁海谷先生为师。

孔为余起数①:县考童生②,当十四名;府考七十一名③;提学考第九名④。明年赴考,三处名数皆合⑤。复为卜终身休咎⑥,言:"某年考第几名⑦,某年当补廪⑧,某年当贡⑨,贡后某年,当选四川一大尹⑩,在任三年半,即宜告归⑪。五十三岁八月十四日丑时⑫,当终于正寝⑬,惜无子。"余备录而谨记之⑭。

【注释】

①起数:占卜用语。即起卦、占卜。

②县考:又叫县试。由县令主持的考试。考试多在每年的阴历二月举行。县试为童试(童生考试)的第一场。学业较为优秀但未成为秀才的读书人,称为童生。童试是预备考试,通过后才能取得府试资格。明清时期,要想考取秀才,必须经过县、府、提学三级考试,县试通过后,才有资格参加上一级府试;府试通过后才有资格参加提学试。三级考试全部通过,进入府学、县学读书,称为进学,也即秀才。

③府考:由知府主持的考试。府试为童试的第二场。考期多在每年

的阴历四月。

④提学考：提学，官名，负责巡察各省学政。提学考为童生的第三场考试，由提学主持，故称提学考，考中者为秀才。

⑤三处：指县考、府考、提学考三次考试。名数：名次。

⑥休咎：吉凶。也即命运好坏。休，美好，吉祥。咎，过失，灾难。

⑦年考：又称岁考。包括两项内容，一是对在学的生员（秀才）进行考试，一是对童生进行考试。对生员考试之后，可按照成绩进行奖惩："一等前列者，视廪膳生有缺，依次充补，其次补增广生。一、二等皆给赏，三等如常，四等挞责，五等则廪、增递降一等，附生降为青衣，六等黜革。"（《明史・选举志一》）

⑧补廪：增补为廪生。廪生，又称"廪膳生员"，指可以拿到国家米粮的秀才。明清科举制度，生员（秀才）经岁、科两试，成绩优秀者，增生可依次升为廪生。明代的生员有月廪，每人米六斗，有一定的名额限制，拿到月廪的生员叫廪膳生员。后又于正式名额之外增加名额，称增广生员，简称"增生"。

⑨当贡：成为贡生。贡，即贡生。明代的生员（秀才）一般在府、州、县各级学校读书，挑选府、州、县生员中成绩优异或资历较深者，升入京师的国子监（太学）读书，称为贡生。意思是以人才贡献给皇帝。明代有岁贡、选贡、恩贡和纳贡。贡生有资格当官。

⑩四川：即今天的四川。大尹：官名。从先秦至明清，历代大尹的级别、职守不同，明代的大尹多指府、县行政长官。

⑪宜：应该。告归：辞官回家。

⑫丑时：指凌晨一至三点。古人将一昼夜区分为十二个时辰，用十二地支——子、丑、寅、卯、辰、巳、午、未、申、酉、戌、亥为代号，子时相当于午夜十一点至凌晨一点，丑时相当于今天的凌晨一点至三点。其余以此类推。

⑬正寝：原指天子、诸侯经常居住的治事之所，后来泛指居屋之正室。

古人常用"寿终正寝"一词,说明能够安然死于家中,能得善终。

⑭备录:完整、详细地记录下来。

【译文】

孔先生为我占卜了第二年考试的情况:参加县级的童生考试,我可以考到第十四名;府考能够考到第七十一名;提学考能够考到第九名。我第二年参加考试,三次考试的名次和孔先生占卜的完全相符。孔先生又为我占卜了一生的吉凶祸福,他说:"某某年的年考你能够考取第几名,某某年你能够补为廪生,某某年你能够成为贡生,成为贡生后的某某年,你能够当选为四川的一个府县长官,在做知县的三年半以后,你就应该辞职回家。到了五十三岁那年八月十四的丑时,你将会在家中去世,可惜你这一生没有儿子。"我就把孔先生的这些话一一记录下来并牢记在心。

自此以后,凡遇考校①,其名数先后,皆不出孔公所悬定者②。独算余食廪米九十一石五斗当出贡③,及食米七十余石,屠宗师即批准补贡④,余窃疑之⑤。后果为署印杨公所驳⑥,直至丁卯年⑦,殷秋溟宗师见余场中备卷⑧,叹曰:"五策⑨,即五篇奏议也⑩,岂可使博洽淹贯之儒⑪,老于窗下乎!"遂依县申文准贡⑫,连前食米计之,实九十一石五斗也。余因此益信进退有命⑬,迟速有时⑭,澹然无求矣⑮。贡入燕都⑯,留京一年,终日静坐,不阅文字。

【注释】

①凡:凡是,所有。考校:考试。

②悬定:预测的考试名次。

③食:食用,享用。这里引申为领取的意思。廪米:官府发给生员的

米粮。前文讲过，成为廪生后，可以拿到国家米粮。明代的廪生有月廪，每人米六斗。石（dàn）：容量单位。十斗为一石。

③出贡：做贡生。科举年代，"贡生"与"贡士"是两个不同的概念，"贡生"指通过选拔升入京师国子监（太学）学习的府、州、县学业优秀、资历较深的生员（秀才），"贡士"是清代通过会试的人，殿试后赐予进士出身。

④屠宗师：人名。宗师，对受人尊敬堪为师表者的称呼。屠宗师的生平不详，根据下文"遂依县申文准贡"，屠宗师应为县学的教谕。明洪武二年（1639），在建立太学之后，即诏府、州、县皆建立学校。府学设教授一人，训导四人；州学设学正一人，训导三人；县学设教谕一人，训导二人。补贡：补为贡生。

⑤窃：个人，私下。疑之：怀疑孔先生预测的正确性。

⑥署印：临时代理官员。署，代理、暂任某种官职。印，代指官位。这里应指代理提学。杨公：生平不详。

⑦丁卯年：指1567年。古人用天干（甲、乙、丙、丁、戊、己、庚、辛、壬、癸）和地支（子、丑、寅、卯、辰、巳、午、未、申、酉、戌、亥）按顺序相配，用以纪年。自"甲子"起，到"癸亥"止，满六十为一周，称为"六十甲子"。

⑧殷秋溟：即殷迈（1512—1581），字时训，号秋溟，又号白野。直隶南京（今江苏南京）人。嘉靖二十年（1541）进士，授户部主事，历任江西参政、南京太常寺卿。万历初年，升南京礼部右侍郎，掌管国子监祭酒事。备卷：考试发榜前，考官要在未录取试卷中找出一些较为优秀的试卷作为备用卷，以备临时补入。此类考卷叫"备卷"，清代又称"堂备卷"。

⑨五策：五篇策论。宋代以后科举考试有策问科目，考生按照问题逐条回答，对时事政治发表意见，叫"策论"。

⑩奏议：指大臣写给皇上的奏章。殷秋溟的意思是，袁了凡的试卷

质量很高，已经达到了奏章的水平。

⑪博洽淹贯：知识渊博，明达事理。洽，广博。淹，深入。贯，贯通，通达。

⑫县申文：县学的申报文书。具体指屠宗师申报袁了凡出贡的文书。申，古代官府行文，下级对上级称“申”。准贡：批准出贡。

⑬益信：更加相信。益，更加。

⑭有时：有注定的时间。

⑮澹（dàn）然：恬淡安然的样子。因为袁了凡相信自己命运已经注定，所以“澹然无求矣”。关于命定论的弊端，详见“评注”。

⑯燕都：又称燕京。即今北京，当时为明朝京师。因地处先秦燕国之地，故称“燕都”。

【译文】

从此以后，所有遇到的考试，每次考的先后名次，都与孔先生所预测的一模一样。只有一件事，他预测我领取廪米达到九十一石五斗的时候就应该被选拔为贡生，可在我领取到七十多石时，屠宗师就批准我增补为贡生，我私下开始怀疑孔先生预测的准确性。后来此事果然被代理提学杨公所驳回，一直到了丁卯年，殷秋溟宗师看到我在考场里撰写的、后来作为备选的试卷，感叹说：“这五篇策论，质量就如同大臣写给皇上的奏章一样，怎么能够让这位知识渊博、明达事理的儒生，老死于窗下呢！”于是就依照县学的申请文书，批准我成为贡生。把以前领取的粮米合计在一起，到此时恰好领取了九十一石五斗。我因此更加相信人的进退命运皆已注定，或早或晚也有注定的时间，于是就心境淡然而无所追求了。我作为贡生来到北京，在北京的一年时间里，整天静坐在那里，也不再读书了。

【评注】

远在商代，命定论就已经出现。《尚书·西伯戡黎》和《史记·周本纪》记载，周国本来是商王朝属下的一个诸侯国，经过几代人努力，到了商纣王在位时,周国已经十分强大。当时周国国王周文王对纣王暴政非常不满,并为此而被纣王拘留了一段时间。文王出狱后,继续推行仁政,受到百姓拥护。几年后,文王率兵消灭了商朝的另一个诸侯国——黎国。面对周国咄咄逼人的攻势,商朝大臣十分惊慌,其中一位叫祖伊的大臣赶忙跑去向纣王报告,请求纣王尽快想办法对付这一局面,谁知纣王一点也不在乎,竟然不慌不忙地说:"我生不有命在天乎?"(《史记·殷本纪》)既然上天注定要自己当天子,那么周文王作为一个普普通通的凡人,又能把自己怎么样呢?纣王就是带着这种对天命的充分信任而葬送了自己的生命和国家。孔子的弟子子夏也说:

死生有命,富贵在天。(《论语·颜渊》)

后来这句话就成了命定论者的口头禅。既然命运好坏先天已经注定,个人的一切努力皆是徒然,那么命定论客观上就会引导人们放弃所有追求,坐待吉凶祸福的到来。命定论的这一弊端被著名的思想家墨子看得十分清楚,他在《墨子·非命上》中说:

执有命者之言曰:"命富则富,命贫则贫,命众则众,命寡则寡,命治则治,命乱则乱,命寿则寿,命夭则夭……虽强劲,何益哉?"上以说王公大人,下以驵百姓之从事,故执有命者不仁。(《墨子·非命上》)

墨子指出,如果相信一切都是命中注定,那么王公大人也就不会再去尽心听政断狱了,农夫也就不会再去努力耕田种地了,妇人也就不会再去尽力纺绩织纴了。所以墨子得出结论:"命者,暴王所作,穷人所术,非仁者之言也。"(《墨子·非命下》)墨子对命定论的批判不仅正确,也很有力。

袁了凡就是因为被孔先生所征服,完全相信了命定论,所以他在成为贡生进京之后,终日静坐,不再读书,因为他已"澹然无求矣"。

己巳归①,游南雍②。未入监③,先访云谷会禅师于栖霞山中④,对坐一室,凡三昼夜不瞑目⑤。

【注释】

①己巳:即1569年。归:指回到自己的家乡江南一带。

②游:游学,求学。南雍:又作南廱、南监。指设在南京的国子监(太学)。雍,辟雍。周代的太学称辟雍,明代沿用此称呼。朱元璋建立明朝后,建都南京,设国子监;明成祖朱棣迁都北京后,在北京同样设国子监;后称北京的国子监为北监、北雍,称陪都南京的国子监为南监、南雍。

③监:指南监。南京的国子监。

④云谷会禅师:明代高僧,生于1500年,圆寂于1575年。嘉善(今浙江嘉善)人。俗姓怀,法号法会,别号云谷。关于云谷会禅师的生平,详见附录二《云谷大师传》。栖霞山:山名。古称摄山。栖霞山位于今南京栖霞区,被誉为"金陵第一明秀山"。

⑤瞑(míng)目:闭上眼睛。瞑,闭眼。

【译文】

己巳年,我回到江南家乡,求学于南京的国子监。在没有进入国子监学习之前,我先到栖霞山去拜访云谷会禅师,我同禅师面对面坐在一间禅房里,三天三夜没有合眼。

云谷问曰:"凡人所以不得作圣者①,只为妄念相缠耳②。汝坐三日,不见起一妄念,何也?"余曰:"吾为孔先生算定,荣辱死生,皆有定数③,即要妄想,亦无可妄想。"云谷笑曰:"我待汝是豪杰④,原来只是凡夫。"

【注释】

①凡:大凡,大致。把"凡人"看作一个词,指普通人,亦可。圣:圣人。云谷禅师说的圣人主要是指佛教的圣人。

②妄念:错误的思想,胡思乱想。

③定数:注定的气数,命运。

④待:对待,当作。

【译文】

云谷禅师问我:“大凡人们无法成为圣人的原因,只是因为各种胡思乱想纠缠在他们的心中而已。你整整静坐了三天,却不见你产生一丝一毫的胡思乱想,这是为什么呢?”我回答说:“我的命运已经被孔先生测算清楚,荣辱生死,都已命中注定,即使想有一些胡思乱想,也没有什么可以让我去胡思乱想的了。”云谷禅师笑着说:“我原来还把你看作人中豪杰,原来只不过是一介凡夫俗子而已。”

【评注】

云谷禅师是位高僧,而高僧主张通过修行以堪破世俗的名利,达到物我两忘、内外空净的境界。据《坛经·行由品第一》记载,北禅的代表人物神秀和南禅的代表人物惠能各自写了一首非常有名的偈:

身是菩提树,心如明镜台。时时勤拂拭,勿使惹尘埃。(神秀偈)

菩提本无树,明镜亦非台。本来无一物,何处惹尘埃?(惠能偈)

神秀认为人的“身”“心”是存在的,但要时时修养、擦洗,不要使它们受到尘世污染;而惠能则认为人的“身”“心”根本就不存在,那么它们又如何会被尘世所污染呢?神秀讲的是修行过程,而惠能讲的是达到了极高的精神境界之后,连自己的“身”“心”都忘记了,空净明澈,了无一物,也就不用再在修养上面下功夫了。

云谷禅师看到袁了凡整整三天不起妄念,以为他已经达到了惠能所提倡的“本来无一物”的空净境界,所以视之为“豪杰”。经过一番交谈,云谷禅师发现袁了凡并非能够视万法皆空,内心根本没有做到空净无物,相反,他仅仅是因为相信命运注定,进而执著于这些注定的命运,才变得心如死灰,毫无生机。换言之,袁了凡的心被命定论“锁定”,失去了禅宗所主张的“无住处活泼泼地”(《古尊宿语录》卷四)境界。

正因为袁了凡的不起妄念，并非是“活泼泼地”，而是被命运锁定后的死气沉沉，陷入了世俗的“绝望”和佛教所反对的“断灭空”，静待五十三岁时的寿终正寝，所以云谷禅师说他是“凡夫”。

问其故①，曰：“人未能无心②，终为阴阳所缚③，安得无数④？但惟凡人有数；极善之人，数固拘他不定⑤；极恶之人，数亦拘他不定。汝二十年来，被他算定⑥，不曾转动一毫⑦，岂非是凡夫？”

【注释】

①故：指云谷禅师认定自己是凡夫的缘故。

②心：指虚妄之心、世俗之心。

③阴阳：泛指天地万物。古人认为包括天、地、人在内的万事万物，都是由阴阳二气构成的，所以这里的阴阳指万事万物。缚：束缚，限制。

④安得：怎能。安，怎么。数：定数，注定的命运。

⑤数固拘他不定：原本注定的命运就根本无法使他的吉凶祸福一成不变了。固，确实，真的。起加强语气的作用。

⑥被他算定：都被孔先生预测准确。

⑦不曾转动一毫：不曾有丝毫的改变。转动，改变。

【译文】

我请教云谷禅师认定自己是凡夫的缘故，他回答说：“一个人如果不能消除虚妄的世俗之心，那么他就会自始至终被万事万物所束缚，怎么能够没有注定的命运呢？但是只有那些普通人才有注定的命运；极为善良的人，原本注定的命运就根本无法使他的吉凶祸福一成不变；极为凶恶的人，原本注定的命运也根本无法使他的吉凶祸福一成不变。你二十年以来的命运，都被孔先生预测准确，不曾有丝毫的改变，你难道不是个凡夫俗子吗？”

【评注】

云谷禅师的这段话极为精彩、重要。他不愧为禅宗大师，非常巧妙地把前人的命定论与报应论较为完美地圆融在一起。在他看来，普通人的命运是注定不变的，而那些极善、极恶之人的命运则是变动不居的。这就合理地解释了袁了凡的前二十年命运为何能够被孔先生算定，同时又用报应论使袁了凡的绝望之心“死灰复燃”，从而鼓起他与命运相抗争的勇气。我们暂且不论这种佛教报应观的是非曲直，仅仅这种劝导方法，就值得我们学习。

冯道历仕后唐、后晋、后汉、后周四朝，事奉十位君主，在相位二十余年。他有一首诗叫《偶作》，也从世俗的角度阐述了因果报应的问题：

> 莫为危时便怆神，前程往往有期因。须知海岳归明主，未必乾坤陷吉人。道德几时曾去世，舟车何处不通津？但教方寸无诸恶，狼虎丛中也立身。

诗人认为，不要在危难之时就伤心凄怆，就怨天尤人，前程好坏通常都事出有因。要知道天下江山都会归于明主，天地更不会去伤害好人。道德何时离开过人间？舟车在哪里找不到道路和渡口？只要自己的心中不存邪念，秉持正义，即使在险恶的环境之中也依然能够生存下去。后世对冯道的为人虽有争议，但这首诗歌无疑能够增强行善者的生活自信心。

余问曰：“然则数可逃乎？”曰：“命由我作，福自己求①。《诗》《书》所称②，的为明训③。我教典中说④：‘求富贵得富贵，求男女得男女⑤，求长寿得长寿。’夫妄语乃释迦大戒⑥，诸佛菩萨⑦，岂诳语欺人⑧？”

【注释】

①福自己求：福祉要靠我们自己去追求。自，来自，依靠。与“命由我作”的“由”义近。己，自己。

②《诗》《书》：指《诗经》和《尚书》，为儒家五经中的两部经典。《尚书·太甲》：“天作孽，犹可违；自作孽，不可活。”这段话说明“命由我作”的道理。《诗经·大雅·文王》：“无念尔祖，聿修厥德。永言配命，自求多福。”这段话说明“福自己求”的道理。

③的（dí）：真实，确实。明训：圣明的训导。理解为明确的训导，亦通。

④我教典：我们佛教的经典。因为云谷禅师是佛教中人，故称佛经为“我教典”。《大佛顶首楞严经·观世音菩萨圆通章》：“我得佛心，证于究竟，能以珍宝种种，供养十方如来，傍及法界六道众生，求妻得妻，求子得子，求三昧得三昧，求长寿得长寿，如是乃至求大涅槃得大涅槃。”

⑤男女：指男孩子和女孩子，也即儿女。

⑥妄语：说谎。大乘佛教的五戒是：一不杀生，二不偷盗，三不邪淫，四不妄语，五不饮酒。这五戒是佛教的基本戒律，无论出家僧尼还是在家居士皆须受持。释迦：即释迦牟尼。释迦牟尼是佛教的创始人，故这里代指佛教。大戒：最重要、最基本的戒律。

⑦诸佛：诸位佛祖。佛，梵语音译。即“佛陀”的略称，意译为“觉者”“知者”等。大乘佛教认为佛祖很多，分过去佛（如燃灯佛）、现在佛（释迦牟尼佛）、未来佛（如弥勒佛）。菩萨：梵语音译。“菩提萨埵”的略称。意译作“道众生”“觉有情”等。菩提，觉、智、引导之意。萨埵，有情，众生。“菩提萨埵”就是觉悟众生、引导众生的意思，与声闻、缘觉合称三乘。

⑧诳语：假话。

【译文】

我问道：“那么可以逃避已经注定的命运吗？”云谷禅师回答说：“命

运的好坏是由我们自己决定的，福祉也要靠我们自己去追求。《诗经》《尚书》里面所讲的这类内容，的确是圣明的训导。我们佛教的经典中也说：‘追求富贵的人就能得到富贵，追求儿女的人就能得到儿女，追求长寿的人就能得到长寿。’说假话是佛教的大戒，诸位佛祖和众多菩萨，难道会讲假话欺骗人们吗？”

余进曰：“孟子言①：‘求则得之②，是求在我者也③。’道德仁义可以力求；功名富贵，如何求得？”云谷曰：“孟子之言不错，汝自错解了④。汝不见六祖说⑤：‘一切福田⑥，不离方寸⑦；从心而觅⑧，感无不通⑨。’求在我，不独得道德仁义，亦得功名富贵；内外双得⑩，是求有益于得也。若不反躬内省⑪，而徒向外驰求⑫，则‘求之有道，而得之有命矣’⑬，内外双失，故无益。”

【注释】

①孟子：战国时期的思想家。名轲（约前372—前289），字子舆。邹国（今山东邹城东南）人。是孔子之后、荀子之前的儒家代表人物，与孔子并称“孔孟”，被后人尊为“亚圣”。孟子的言行收录于《孟子》一书。

②求则得之：追求就能够得到。原文详见“评注”。

③是：这。

④汝自错解了：是你自己理解错了。实际上，袁了凡作为学业优异的儒生，对孟子的话并没有理解错，详见“评注”。

⑤六祖：指禅宗六祖惠能（638—713）。唐代高僧，俗姓卢，父亲原在范阳（今北京一带）做官，后来被贬到新州（今广东新兴）。惠能于贞观十二年（638）在新州出生，幼年丧父，成年后以卖柴为

生。惠能继承了五祖弘忍的衣钵，主张“顿悟”成佛，他所开创的禅宗被称为“南宗”，流传甚广，被后人视为禅宗的正宗。其事迹、思想见《坛经》。

⑥福田：福祉。佛教把修心行善能够得到福报，比作耕种田地能够获取粮食，故称福祉为“福田”。

⑦方寸：指心。

⑧从心而觅：要从心里寻找。觅，寻找。

⑨感无不通：能够感动神灵而无不顺利。感，指感动神灵。通，顺利。把“感无不通”理解为“无不感通”亦可，即能够感动所有的神灵。

⑩内外：指内在的仁义品德与外在的荣华富贵。

⑪反躬内省：回过头来在内心进行自我反省。躬，自身。

⑫徒：仅仅。驰求：追求。

⑬则求之有道，而得之有命矣：那么即使按照正确原则去追求，而是否能够得到就要靠命运决定。道，真理，原则。这两句也出自《孟子》，详见“评注”。

【译文】

我进一步请教说：“孟子说：‘去追求就能够得到，这是说是否去追求关键在于我们自己。’道德仁义可以努力地去求得；功名富贵，如何能够求得呢？”云谷禅师说：“孟子的话没有讲错，是你自己理解错了。你有没有听到六祖惠能这样说过：‘所有的福祉，都离不开自己内心的追求；从自己内心去真诚地追求福祉，就会感动神灵而无不顺利得到。’如果我们自己诚心诚意地去追求，不仅能够获取道德仁义，也能够得到功名富贵；内在的仁义道德和外在的功名富贵就能够双双得到，这就说明诚心努力追求有益于获取。如果不能回过头来在内心进行自我反省，而只是一味地向外追求，那么‘即使按照正确的原则去追求，是否能够得到就靠命运决定了’，这样就会使内在的仁义道德和外在的功名富贵双双失去，因此追求也就没有任何益处了。”

【评注】

袁了凡引用的孟子言论，见于《孟子·尽心上》，为了弄清楚孟子言论的原意，我们把孟子原文及朱熹的解释（括号内的文字为朱熹解释）照录如下：

> 孟子曰：“求则得之，舍则失之，是求有益于得也，求在我者也。（舍，上声。在我者，谓仁义礼智，凡性之所有者。）求之有道，得之有命，是求无益于得也，求在外者也。（有道，言不可妄求。有命，则不可必得。在外者，谓富贵利达，凡外物皆是。赵氏曰：‘言为仁由己，富贵在天，如不可求，从吾所好。’）”（朱熹《四书章句集注》）

朱熹注释中提到的“赵氏”指汉代的经学家赵岐，赵岐与朱熹都是孟子研究大家，他们一致认为“求有益于得”的是内在的仁义道德，“求无益于得”的是外在的富贵名利；是否能够得到仁义道德，关键“在我”；是否能够得到富贵名利，则“有命”。孟子的这一看法与孔子师生的“死生有命，富贵在天”（《论语·颜渊》）思想是一致的。

云谷禅师则把内在的仁义道德与外在的富贵名利圆融在一起，认为只要自己一心行善，诚意追求，不仅能够把握住自己的道德品质，也能够掌控自己的名利富贵。这一圆融不仅符合佛教的因果报应思想，也增强了劝善的力度，因为普通民众不仅关心自己的内在品德，更关心外在的名利富贵。

因问[①]：“孔公算汝终身若何？”余以实告。云谷曰：“汝自揣应得科第否[②]？应生子否？”余追省良久[③]，曰：“不应也。科第中人，类有福相[④]，余福薄，又不能积功累行[⑤]，以基厚福[⑥]；兼不耐烦剧[⑦]，不能容人；时或以才智盖人[⑧]，直心直行[⑨]，轻言妄谈[⑩]。凡此皆薄福之相也，岂宜科第哉？

【注释】

①因:于是,接着。本句的主语是云谷禅师。

②揣:揣摩,估量。科第:指考中举人、进士。此时袁了凡已经是生员(秀才)。

③追省:回忆往事,反省自我。良久:很久。

④类有福相:似乎都有福相。类,似乎。福相,有福气的相貌。根据下文,这里的“福相”还包括能够为自己带来福祉的品德、言行。

⑤累行:积累自己的善行。行,指善行。

⑥基:基础,根基。这里用作动词,培植根基。

⑦兼:再加上。烦剧:纷杂烦难的事务。剧,复杂,烦难。

⑧时或以才智盖人:有时候还会凭借自己的才智去压制别人。时或,有时。盖,压倒,压制。

⑨直心直行:心里怎么想就怎么做。直,直接,不懂得含蓄。

⑩轻言妄谈:轻易发言,随意乱说。关于讲话问题,详见“评注”。

【译文】

云谷禅师接着问我:“孔先生为你预测的一生命运如何?”我就如实做了回答。云谷禅师又问:“你自己觉得你能够获取科举功名吗?能够有儿子吗?”我追忆往事、反省很久,然后说:“不能够啊。能够考中科举功名的人,似乎都有福相,而我却没有福相,再加上我不能积累功德善行,以培植获取厚福的根基;另外我还不能忍受纷杂烦难的事务,不能宽容别人;有时还会凭借自己的才智去压制别人,心里怎么想就怎么做,轻易发言,随意乱说。所有这一切都是福气薄少的表现,我怎么能够考取功名呢?

【评注】

古人特别重视言语。据《论语·先进》记载,孔子弟子南容多次吟诵《诗经·大雅·抑》中的诗句:“白圭之玷,尚可磨也;斯言之玷,不可为也。”意思是:“白圭(一种上尖下方的玉制礼器)上的瑕疵,尚且可以磨掉；而言语的失误，就不容易消除了。”孔子听到后，就把自己的侄女嫁给了他，这说明孔子十分重视言语的问题。孔子之所以重视言语问题，主要是因为言语直接关系到人际关系是否和谐以及言语者的个人祸福。《荀子·荣辱》说：

与人善言，暖于布帛；伤人之言，深于矛戟。

说几句温暖话，其温暖程度超过了棉衣棉被；说几句伤人话，其伤人程度超过了矛戟刺人。我们先看“与人善言，暖于布帛”的例子。《左传·宣公十二年》记载，宣公十二年冬天，楚王率兵进攻萧国，这期间有一个小插曲：

申公巫臣曰：“师人多寒。”王巡三军，拊而勉之。三军之士，皆如挟纩。

大臣申公巫臣向楚王汇报说将士们十分寒冷，楚王便巡视全军，对将士们讲了一些慰问的话，将士们听后，一个个心中都暖融融的，就像穿上了温暖的棉衣。

我们再看用语言伤人而自伤的例子。孟尝君是战国时期齐国的宰相，在当时名声极大，《史记·孟尝君列传》记载了他路过赵国时发生的一件事情：

赵人闻孟尝君贤，出观之，皆笑曰：“始以薛公（孟尝君被封在薛，故称薛公）为魁然也，今视之，乃眇小丈夫耳。”孟尝君闻之，怒。客与俱者下，斫击杀数百人，遂灭一县以去。

孟尝君为天下名人，赵人争相观看，结果大失所望，议论说：“原以为孟尝君是一位魁梧的大丈夫，没想到却是一个又矮又小的小男人。”观看者的这番议论可能是并无恶意地脱口而出，甚至可以说是客观评价，却大大地伤害了自尊心极强的孟尝君，导致数百人被孟尝君的门客所杀。因此明代的人反复告诫说：

人生丧家亡身，言语占了八分。（吕得胜《小儿语·杂言》）

言语最要谨慎，交游最要慎择。多说一句，不如少说一句。（高

攀龙《家训》)

古人认为,导致家破人亡的原因,十之八九是言语不当造成的。《说苑·敬慎》记载,孔子到周朝洛阳去求学,看到太庙(周天子祭祖的地方)右边的台阶前,有一个用金属铸造的人像,嘴巴上有三道封条,人像的背部铭刻着这样一些话:

古之慎言人也,戒之哉!戒之哉!无多言,多口多败;无多事,多事多患。

这是历史上著名的《金人铭》中的一部分内容,也是"三缄其口"这一成语的出处。孔子看了以后,感慨地对弟子说:"行身如此,岂以口遇祸哉!"如此谨言慎语,就不会因为言语不当而遭遇灾祸了。到了后来,人们不仅继承了慎言的古训,而且还具体指出了一些应该慎言的内容:

一、在特殊的政治环境中,讲话要特别小心。《论语·宪问》记载:"子曰:'邦有道,危言危行;邦无道,危行言孙。'"这段话翻译出来就是:

孔子说:"国家政治清明时,便直言直行;国家政治昏暗时,便行为正直,讲话要谦卑,不可太直率。"

这可以说是一位饱经政治风霜的老人的经验之谈。我们今天虽然已经远离封建制度的严酷统治,但在处理人与人、下级与上级关系时,孔子的告诫依然不失其借鉴意义。如对待朋友就应如此。有一次子贡向孔子请教关于交友的原则,孔子回答说:"忠告而善道之,不可则止,毋自辱焉。"(《论语·颜渊》)忠告朋友,把朋友向正道上引导,如果再三劝告,朋友依然不听,就不要再讲了,以免自取羞辱。应该说,这也是一个很好的交往原则,既不会激化矛盾,又能给对方一个反省时间。

二、不要背后议论别人的错误。马援是东汉名将,当他率兵征战、远在交趾(今广东一带)时,还不忘写信给喜欢议论别人的两个侄子马严、马敦,告诫他们说:

吾欲汝曹闻人过失,如闻父母之名,耳可得闻,口不可得言也。好论议人长短,妄是非正法,此吾所大恶也,宁死不愿闻子孙有此行

也。(《后汉书·马援列传》)

马援希望侄子听见别人的过失,如同听到父母名字一样,只可听听,不可再讲。喜欢背后议论别人的长短,随意批评朝廷的法令,这是他非常讨厌的。马援说自己宁死也不愿后辈有此毛病。宋代的陈录《善诱文·省心杂言》也说:

寡言省谤,寡欲保身。

多言获利,不如默而无害。

耳不闻人之非,目不视人之短,口不言人之过,庶几为君子。

可见背后议论别人是古代贤人所深恶痛绝的。当然,这些原则也带有明哲保身的目的,但从总体上看,这一原则是有利于人际关系和谐的。

三、批评要注意方式。

古人主张"和而不同"(《论语·子路》),既然如此,虽然古人反对背后议论别人,但当面批评还是必要的。如何批评别人,这也是一门艺术,古人在这方面也提出了一些有益的建议。庄子首先提出"与古为徒"的批评方法,《庄子·人间世》说:

成而上比者,与古为徒。其言虽教谪之实也,古之有也,非吾有也。若然者,虽直而不病,是之谓与古为徒。

庄子的这段话是说:在批评别人时,不要直接用自己的话去讲,而是引用古代圣贤的现成话,这样,既达到了批评的目的,又使被批评的人不会有太多尴尬,因为那是古代圣贤讲的,不是自己在批评对方。王阳明就曾采纳了庄子的"与古为徒"的方法,从而化解了不少人事矛盾。

四、要注意谈话对象与自己的关系。

韩非指出谈话时,一定要看谈话对象与自己的关系是否密切,关系密切,可以把话讲得深刻一些,否则,就不可深讲。如果不考虑这些因素,谈话结果是事与愿违,既达不到自己的目的,反而会影响彼此的感情。为了说明这一道理,《韩非子·说难》讲了这样两个故事:

宋有富人,天雨墙坏。其子曰:"不筑,必将有盗。"其邻人之父亦云。暮而果大亡其财。其家甚智其子，而疑邻人之父。

昔者弥子瑕有宠于卫君。卫国之法：窃驾君车者罪刖（砍去双脚）。弥子瑕母病，人闻，有夜告弥子，弥子矫驾君车以出。君闻而贤之，曰："孝哉！为母之故，忘其犯刖罪（赦免砍脚的罪过）。"异日，与君游于果园，食桃而甘，不尽，以其半啖君（把剩下的半个桃子递给卫君吃）。君曰："爱我哉！忘其口味以啖寡人（自己舍不得吃而给我吃）。"及弥子色衰爱弛，得罪于君，君曰："是固尝矫驾吾车，又尝啖我以余桃。"故弥子之行未变于初也，而以前之所以见贤而后获罪者，爱憎之变也。

第一个故事是说，宋国有一个富人，家里的墙壁被大雨冲坏了，他儿子和一位邻居老人都劝他赶快把墙壁修好，不然将招来盗贼。那天晚上果然家里被盗，这个富人认为自己的儿子极为聪明，而怀疑偷盗他家财物的就是那个邻居老人。第二个故事是说，当卫君喜欢弥子瑕时，弥子瑕的所有行为都受到卫君的赞赏；当卫君不喜欢弥子瑕时，弥子瑕的所有行为又都成为他的罪证。根据谈话对象与自己关系的深浅，来把握谈话内容，应该说是一种正确的方法。如果不看对象，任意谈去，其效果一定是适得其反。正确的做法是：

子曰："可与言而不与之言，失人；不可与言而与之言，失言。知者不失人，亦不失言。"（《论语·卫灵公》）

孔子说："可以同他谈谈知心话，却不同他谈，这是错过了一位知音；不可以同他谈知心话，却同他谈了，这就是讲了不应该讲的话。有智慧的人既不错过知音，也不讲不应该讲的话。"

总之，在古人看来，少说为佳，如果需要说，也要讲究方式。反过来，当我们在听到别人的传言时，也应有一定的分寸。明代人吕得胜《小儿语·杂言》说：

人言未必皆真，听言只听三分。

一件事情，一段言语，在人们的传递过程中，都会有或多或少的失真，因此听到什么传言，只可信其三分。《吕氏春秋》专列一篇《察传》来讨论这一问题，说：

> 夫得言不可以不察。数传而白为黑，黑为白。故狗似玃，玃似母猴，母猴似人，人之与狗则远矣。此愚者之所以大过也。闻而审，则为福矣；闻而不审，不若无闻矣。

听到别人的话，不可不仔细审察。事情经过几道传递，白的会被说成黑的，黑的会被说成白的。狗像玃（猴子的一种），玃像母猴，母猴像人，人与狗相差悬殊，但几经传言，狗就被说成是人了。这是愚人轻信传言的大错误。听到传言，仔细审察，这对个人有好处；听到传言而不加审查，不如不听。《察传》还举例说，宋国有一丁氏人家，家里没有井，要到外面挑水，这就经常占用一个人工。后来在家里挖了一口井，丁氏就告诉别人说："我挖井得到一个人。"于是"丁氏挖井得一人"的消息就传开了。宋君听到后，就派人问丁氏，丁氏回答说："是说我可以多得一个人使唤，不是说我在井中挖出了一个人。"由此可见，传言失真，是自古以来就存在的一个社会弊病。据宋代罗大经《鹤林玉露》卷六记载，当时社会上流传着一首《听谗诗》，不知作者是谁。诗歌如下：

> 谗言谨莫听，听之祸殃结。君听臣当诛，父听子当决。夫妻听之离，兄弟听之别。朋友听之疏，骨肉听之绝。堂堂八尺躯，莫听三寸舌。舌上有龙泉（宝剑名），杀人不见血。

即使在美好的社会里，喜欢搬弄口舌的人总不至于绝迹。因此，读读这首诗歌，应该是发人深省的。

"地之秽者多生物①，水之清者常无鱼②，余好洁，宜无子者一；和气能育万物③，余善怒④，宜无子者二；爱为生生之本⑤，忍为不育之根⑥，余矜惜名节⑦，常不能舍己救人⑧，宜无子者三；多言耗气⑨，宜无子者四；喜饮铄精⑩，宜无子者五；好彻夜长坐，而不知葆元毓神[11]，宜无子者六。其余过恶尚多[12]，不能悉数[13]。”

【注释】

①地之秽者：粪土多的地方。也即肥沃的土地。秽，秽物，粪土。生物：生育万物。

②水之清者常无鱼：干净的水中常常无鱼。详见“评注”。

③和气：古代又叫“冲和气”“冲和之气”。古人认为，天上的阳气下降，地上的阴气上升，阴阳二气相互冲荡交融，交融和谐的阴阳二气就能够形成万物。后来也用“和气”指人的温和性格。

④善怒：容易发怒。善，容易，喜欢。

⑤生生：生生不息。

⑥忍：狠心。

⑦矜惜：爱惜。矜，注重，爱惜。

⑧常不能舍己救人：经常不能放下自己的身段去帮助、挽救那些品行不太好的人。因为袁了凡爱惜自己的名节，所以不愿与那些品行不端的人交往，从而也就无法帮助这些人改邪归正。针对这一点，云谷禅师在下文中要求袁了凡“务要包荒”，一定要学会包容。袁了凡的父亲袁仁在与朋友交谈时，讲了自己的十个缺点，其中第五个缺点就是：“爱惜名节，不能包荒。”（《庭帏杂录》下卷）

⑨多言耗气：因话多而消耗了自己的精气。古人认为，人是由阴阳二气中的精华之气形成的，讲话太多，会消耗自己的精气，不利于健康。

⑩喜饮铄（shuò）精：喜欢饮酒而损害了自己的精力。铄，销毁，损害。

⑪葆（bǎo）元毓（yù）神：保养元气，爱护精神。葆，通“保”。保全，保护。元，元气，指构成包括人体在内的万物的原始物质。这里指身体。毓，养育，爱护。

⑫过恶：过失与恶行。

⑬悉数：一条一条地全部讲出来。悉，全部。

【译文】

“粪土多的地方能够生长出很多的东西，清澈见底的水域常常没有鱼类，而我就特别爱干净，这是我不该有儿子的第一个原因；和气能够养育万物，而我却喜欢发怒，这是我不该有儿子的第二个原因；仁爱是万物生生不息的根本，狠心是万物不能生育的根由，而我太珍惜自己的名节，经常不能放下自己的身段去帮助、挽救那些品行不太好的人，这是我不该有儿子的第三个原因；我平时喜欢说话而消耗了自己的精气，这是我不该有儿子的第四个原因；我爱好饮酒而损害了自己的精力，这是我不该有儿子的第五个原因；我喜欢整夜整夜地坐在那里，而不懂得保养元气、爱护精神，这是我不该有儿子的第六个原因。我其他的过失与恶行还很多，无法一条一条地全部讲完。”

【评注】

春秋时期的晋国大夫伯宗讲过这样一段话：

> 川泽纳污，山薮藏疾，瑾瑜匿瑕，国君含垢，天之道也。（《左传・宣公十五年》）

川泽之所以能够成就自己的广大，是因为它容纳了许多浊泥污水；大山之所以能够成就自己的高峻，是因为它接受了许多有害之物；就连美玉也有瑕疵，因此作为君主，就要具备含污纳垢的胸怀。后来孔子也说：“水至清则无鱼，人至察则无徒。”（《大戴礼记・子张问入官》）到了汉代，东方朔对此有所发挥：

> 故曰：“水至清则无鱼，人至察则无徒。冕而前旒，所以蔽明；黈纩充耳，所以塞聪。”明有所不见，聪有所不闻，举大德，赦小过，无求备于一人之义也。（《汉书・东方朔传》）

东方朔说：“人们常说：‘水如果太清澈了就无法养鱼，人如果太苛察了就没有朋友。所以君主礼帽前后悬挂着的玉珠，那是用来遮蔽君主视线的；君主礼帽两边垂挂在耳朵旁的黄色丸状丝绵，那是用来堵塞君主耳朵的。所以说，眼力虽然很好，但不该看的就不要去看；听力虽然很好，但不该听的就不要去听。一个人只要大体上品德好，就要重用他；对于一些小的过失，就要赦免不问，不要去苛求一个人完美无缺。”

从以上史料可以看出，“水至清则无鱼，人至察则无徒”两句主要是针对接人待物的态度而言，而袁了凡把“水至清则无鱼”与自己的爱干净联系在一起，似乎有点似是而非。当然，袁了凡说的“余好洁”，可能有双重含义，一是说自己在身体上有洁癖，于是就引用古人的这句话自我调侃；二是说自己精神上也有洁癖，也即下文说的“余矜惜名节，常不能舍己救人”。无论是哪种洁癖，都会使他与人产生隔阂，因此他把“好洁”视为自己的缺点而予以反省。

云谷曰：“岂惟科第哉！世间享千金之产者[①]，定是千金人物[②]；享百金之产者，定是百金人物；应饿死者，定是饿死人物；天不过因材而笃[③]，几曾加纤毫意思[④]？即如生子，有百世之德者[⑤]，定有百世子孙保之[⑥]；有十世之德者，定有十世子孙保之；有三世、二世之德者，定有三世、二世子孙保之；其斩焉无后者[⑦]，德至薄也。汝今既知非[⑧]，将向来不发科第[⑨]，及不生子之相[⑩]，尽情改刷[⑪]。务要积德[⑫]，务要包荒[⑬]，务要和爱，务要惜精神。从前种种[⑭]，譬如昨日死；从后种种，譬如今日生：此义理再生之身也[⑮]。

【注释】

①金：古代计算货币的单位。先秦时期，二十两（一说二十四两）黄金叫一金，汉代以一斤黄金为一金，再到后来，银一两也称一金。

②千金人物：指德才能够与千金家产相匹配的人。也即应该得到千

金家产的人。

③因材而笃：根据他们的德才而监视着他们。笃，通“督”。督查，监督。清朱骏声《说文通训定声·孚部》：“笃，叚借为督。”

④几曾：何曾。几，何。纤毫意思：丝毫倾向。

⑤百世之德者：指美德能够使百世子孙得到荫庇的人。世，一代人叫一世，三十年也叫一世。

⑥保之：保护、祭祀他。

⑦其斩焉无后者：那些断绝后代没有子孙的人。斩，断绝。

⑧知非：知道自己的过错。

⑨向来：过去。不发科第：在科举上无法成功。发，兴起，发达。

⑩相：形象，模样。这里具体指品德、言行。

⑪尽情改刷：尽心尽力地全部洗刷干净。

⑫务要：务必要，一定要。

⑬包荒：包容。《周易·泰卦》：“包荒，用冯河。”原指包容污秽，后来泛指包容。

⑭从前种种：指从前的各种思想、行为。

⑮此义理再生之身也：这就是重生的道德、义理生命。意思是说，袁了凡的肉体还是从前的那具肉体，但道德品质却是全新的。

【译文】

云谷禅师说：“岂止科举考试是这样呢！人世间那些能够享有千金家产的人，一定是德才能够与千金家产相匹配的人；能够享有百金家产的人，一定是德才能够与百金家产相匹配的人；那些饿死的人，一定是应该饿死的人；上天不过只是依据他们的德才而监视着他们而已，何曾掺进丝毫自己的倾向？再比如生儿子的事，积累的功德能够庇护百世子孙的人，一定会有百世子孙去保护、祭祀他；积累的功德能够庇护十世子孙的人，一定会有十世子孙去保护、祭祀他；积累的功德能够庇护三世、二世子孙的人，一定会有三世、二世子孙去保护、祭祀他；那些断绝后代没有子孙的人，他的功德一定是最少的啊。你今天既然知道了自己的错误，那就应该把过去那些引起科举考试无法成功，以及不能生育儿子的品德言行，尽心尽力地全部洗刷干净。你以后一定要积累功德，一定要学会包容，一定要温和仁爱，一定要爱惜精神。从前的种种言行，就譬如它们已于昨天消失；从今以后的种种言行，就譬如它们今天刚刚重生，这样你就等于重新获取了新的道德、义理之生命。

"夫血肉之身，尚然有数①；义理之身，岂不能格天②？《太甲》曰③：'天作孽④，犹可违⑤；自作孽，不可活。'《诗》云：'永言配命，自求多福⑥。'孔先生算汝不登科第，不生子者，此天作之孽也，犹可得而违也；汝今扩充德性⑦，力行善事，多积阴德⑧，此自己所作之福也，安得而不受享乎⑨？《易》为君子谋⑩，趋吉避凶⑪；若言天命有常⑫，吉何可趋，凶何可避？开章第一义⑬，便说：'积善之家，必有余庆⑭。'汝信得及否⑮？"余信其言，拜而受教。

【注释】

①夫血肉之身，尚然有数：人的血肉之躯，还是有注定命运的。尚，还是。这里说的"血肉之身"指没有经过道德提升的身体。

②格天：感通上天。格，感通，感动。

③《太甲》：《尚书》篇名，分上、中、下三篇，主要记载伊尹对商王太甲的训词。太甲，生卒年不详，商汤的嫡长孙，商朝的第四位君主。太甲继位后，破坏商汤制定的法规，一味享乐，虐待百姓，朝政混乱。辅佐商汤建立商朝的大臣伊尹只好将他放逐到商汤墓地附近的桐宫（今河北临漳），促其反省，自己摄政当国。三年后太甲悔过自新，伊尹又将他迎回亳都（今河南商丘），还政于他。

一说伊尹放太甲于桐宫而自立为王，七年后，太甲潜回，杀伊尹而复位。见《竹书纪年》上。

④天作孽（niè）：上天造成的灾难。孽，灾难。

⑤犹可违：还是可以逃避的。违，违背，逃避。《尚书·太甲》原文作“天作孽，犹可违；自作孽，不可逭（逃避）。”

⑥永言配命，自求多福：永远要遵守天命，为自己多求得一些福祉。言，动词词头，无义。配，配合，遵循。命，天命。这两句出自《诗经·大雅·文王》。

⑦扩充德性：提升自己的品德。

⑧阴德：暗中做好事而积累的功德。

⑨安得：怎能。安，怎么。受享：享受。

⑩《易》：即《周易》。儒家五经之一。

⑪趋：走向，追求。

⑫天命有常：天命固定不变。常，永恒，不变。

⑬开章第一义：开篇讲的第一个意思。开章，开篇。

⑭积善之家，必有余庆：不断积累善行的人家，一定会获取很多的福祉。余，丰足，很多。庆，福祉。这两句出自《周易·坤卦·文言》。关于古代善恶有报的因果思想，详见“评注”。

⑮信得及否：是否能够相信呢？

【译文】

“没有提升品德的血肉之躯，还是具有注定命运的；而道德义理之身，难道就不能感通上天吗？《尚书·太甲》说：‘上天造成的灾难，还是可以逃避的；如果自己为自己制造灾难，那就无法挽救了。’《诗经》说：‘永远要遵循天命，为自己多求得一些福祉。’孔先生预测你科举无法成功，也不能生育儿子，这是上天造成的灾难，这些灾难还是可以逃避的；你如今提升自己的德行，努力去做善事，多多地积累阴德，这就是自己为自己所求得的福祉，怎么能够不去享受呢？《周易》为君子们出谋划策，帮助他们求得福祉而避开凶险;如果说上天注定的命运是固定不变的,那么福祉如何能够求得,凶险又如何能够避开?《周易》开篇讲的第一个意思,就是说:'不断积累善行的人家,一定会获取很多的福祉。'你是否能够相信这些话呢?"我相信云谷禅师讲的这些话,向他拜谢并接受了他的教诲。

【评注】

可以说,因果报应问题贯穿了《了凡四训》全书,所以我们这里就较为全面但很简要地梳理一下中国古代的因果报应思想。我们讲三个问题:佛教传入之前的中国宗教报应观、佛教的报应观,以及人事报应。

一、佛教传入前的中国传统宗教报应观。

善恶有报,是中国固有的传统观念,而"报"的权利,就掌控在神灵的手中:"《周书》曰:'皇天无亲,惟德是辅。'"(《左传·僖公五年》)上天对谁也不亲近,只帮助那些品德美好的人;那么反过来,上天还会对恶人进行惩罚。《周易·坤卦·文言》说:

> 积善之家,必有余庆;积不善之家,必有余殃。

与后来传入中国的佛教报应观相比,中国的传统报应观有自己的特点。中国人认为,恶有恶报,善有善报,如果这个人的善恶没有得到报应,那么这个报应就会落在他们的子孙身上。中国本土的这种报应观会产生两个"弊端":一是对极端自私的人缺乏约束力。这些极端自私的人会心存侥幸,既然自己作恶可能不会得到惩罚,而是由子孙承担,那么自己就可以为所欲为了。二是中国的史学很发达,从先秦开始,对于一些重要的历史人物及其后人的行事,史书都有记载。当人们翻阅史书时,发现某人没有得到应有的报应,于是就去查阅其子孙的经历,结果发现其子孙依然没有得到应有的报应,于是这种报应观就容易受到怀疑。史学家司马迁就是如此。《史记·伯夷列传》说:

> 或曰:"天道无亲,常与(帮助)善人。"若伯夷、叔齐,可谓善人者非耶?积仁洁行如此而饿死!且七十子之徒,仲尼独荐颜渊为好

> 学。然回也屡空（贫穷），糟糠不厌（吃不饱糟糠），而卒早夭。天之报施善人，其何如哉？盗跖日杀不辜，肝人之肉，暴戾恣睢（残暴放纵），聚党数千人横行天下，竟以寿终。是遵何德哉！此其尤大彰明较著者也。
>
> 若至近世，操行不轨（不遵正道），专犯忌讳，而终身逸乐，富厚累世不绝。或择地而蹈之（循规蹈矩），时然后出言，行不由径，非公正不发愤，而遇祸灾者，不可胜数也。余甚惑焉：傥所谓天道是耶？非耶？

司马迁感到非常疑惑：像伯夷、叔齐、颜回这样的好人，要么饿死，要么夭折；像盗跖这样的坏人，日杀不辜，暴戾恣睢，竟以寿终。这些坏人不仅自己“终身逸乐”，而且“富厚累世不绝”，连他们的后代也世世代代享受荣华富贵。于是司马迁就开始怀疑“天道无亲，常与善人”这种中国本土的报应观了。正是因为中国本土的报应观容易受到怀疑，其结果也就削弱了这一报应思想的约束力。

二、佛教报应观。

佛教报应观就非常周密精细，克服了这些弊端。佛教报应观有两点值得注意：

一是善有善报，恶有恶报，而且这种报应必须由本人承担，用通俗的话讲，就是“谁欠债，谁还钱”，包括子孙在内的任何人都无法替他还债。

二是佛教把报应思想与轮回思想联系起来。佛教认为，一个人得到报应的时间可以分为三种情况：一是现报，二是生报，三是后报。所谓“现报”，就是说一个人或行善或作恶，在这个人活着的时候，就能得到报应。所谓“生报”，是指一个人这辈子作的“业”，到他的来生、也即下一辈子时得到报应。所谓“后报”，是指一个人这辈子作的“业”，要等到他的第二生、第三生，甚至百生、千生以后才得到报应。

这样一来，佛教报应思想就克服了中国本土报应观的两个“弊端”：第一，对于那些极端自私的人，具有极强的约束力，他们没有任何办法推卸自己的责任。第二,这种报应思想,我们世俗人无法去验证。别说是下十生、百生,即便是下一生,会变成什么,生活状况如何,我们根本无法去验证。人们有一种普遍心理,对于这类没法验证的事情,我们宁可信其有,不可信其无,更何况这是大圣人释迦牟尼佛说的。如地狱问题就是如此。因为佛教的影响,后来的道教也讲地狱,认为一个人做了坏事,死后会下地狱。有一次,有人就问一位高道好友:"你们天天在讲地狱,你实话告诉我,地狱究竟有没有?"道士回答说:"究竟有没有地狱,说实话,我也不知道。无论有没有,您就当它有,万一有了怎么办?"也就是说,虽然地狱有无的问题,我们这些活着的人无法弄清楚,但还是多做好事,少做坏事,万一有了地狱,我们也不用担心,死得也比较踏实。苏东坡就是带着这种心情离开人世的,他弟弟苏辙在《亡兄子瞻端明墓志铭》中记载,苏东坡临死时对儿子们说:

吾生无恶,死必不坠。

苏东坡认为自己生前没有做过任何坏事,死后绝对不会坠入地狱,所以他是带着坦然、安详的心境告别人世的。

我们顺便讲一下佛教报应观的另一个作用:它能够把不合理的社会现象解释得合情合理——今世的贵贱贫富的不同,是各自的"业"造成的。在今世不平等的现象中,又蕴含着平等的因素——各自都要为自己的言行负责。

三、人事报应。

宗教报应思想神秘幽邃,绝非我们这些凡夫俗子所能探究。但我们还是相信好有好报、恶有恶报,只不过这种报应是体现在人事方面而已。我们就以商鞅等人为例谈谈人事报应。

商鞅本名卫鞅(卫鞅在秦国立功后,被封在商於这个地方,故又称商鞅),是卫国的贵族。由于卫国弱小,商鞅在卫国无法施展自己的政治抱负,于是他就到了魏国。商鞅在魏国结交了一位贵族朋友公子卬,但没有得到魏王的重用,于是他最终又到了秦国。商鞅在秦孝公的支持下开始变法。他在秦国做了许多事情，我们根据《史记·商君列传》记载，只介绍其中三件受到报应的事情。

第一件事情，惩罚太子："令行于民期年，秦民之国都言初令之不便者以千数。于是太子犯法。卫鞅曰：'法之不行，自上犯之。'将法太子。太子，君嗣也，不可施刑。刑其傅公子虔，黥其师公孙贾。明日，秦人皆趋令。"商鞅刚刚变法时，遇到很大阻力，更棘手的是秦国太子也违反了商鞅的法令。为了顺利推行自己的新法，商鞅虽然无法直接治太子的罪，但惩罚了太子的两位老师——公子虔被割了鼻子（劓刑），公孙贾的脸上被刻了字（黥刑）。

第二件事情，商鞅掌权之后，规定秦人外出住店，必须持相关证件："商君之法，舍人无验者坐之。"如无证件而住店，连同店主人一起惩罚。

第三件事情，欺骗好友公子卬："卫鞅将而伐魏，魏使公子卬将而击之。军既相距，卫鞅遗魏将公子卬书曰：'吾始与公子驩，今俱为两国将，不忍相攻，可与公子面相见，盟，乐饮而罢兵，以安秦、魏。'魏公子卬以为然。会盟已，饮，而卫鞅伏甲士而袭虏魏公子卬。因攻其军，尽破之以归秦。魏惠王兵数破于齐、秦，国内空，日以削，恐，乃使使割河西之地献于秦以和。而魏遂去安邑（今山西运城），徙都大梁（今河南开封）。""兵不厌诈"这条原则是正确的，作为敌人，欺骗对方，完全可以接受。但商鞅是盗用"友谊"，以朋友的身份去欺骗公子卬，此举的确让人不太容易接受。商鞅在定盟的宴会上扣下公子卬，袭击毫无防备的魏军，使魏国遭受了前所未有的打击，不得不割地迁都。

后来这三件事情一一都得到了报应。

《史记·商君列传》记载："秦孝公卒，太子立。公子虔之徒告商君欲反，发吏捕商君。"被商鞅伤害过的太子（即秦惠王）、公子虔开始联合起来，反过来伤害商鞅了。商鞅得知消息后，就乘车外逃。当他人困马乏、欲住客店时，遇到了自己给自己出的第二个难题：

商君亡至关下，欲舍客舍。客人不知其是商君也，曰："商君之法，舍人无验者坐之。”商君喟然叹曰：“嗟乎，为法之敝一至此哉！”商鞅此时已经深切地感受到自己已经陷入自己所编织的法网之中。然而更为可悲的是：

> 去之魏，魏人怨其欺公子卬而破魏师，弗受。商君欲之他国，魏人曰：“商君，秦之贼。秦强而贼入魏，弗归，不可。”遂内秦。商君既复入秦，走商邑，与其徒属发邑兵北出击郑。秦发兵攻商君，杀之于郑黾池。秦惠王车裂商君以徇，曰：“莫如商鞅反者！”遂灭商君之家。

商鞅已经逃到魏国边境，只要魏国人打开关门，商鞅就能安然无恙。然而魏人对这个出卖朋友的人恨之入骨，不仅不让他过关，而且还不许他逃往他国，直接把他赶回秦国。商鞅走投无路，不得不接受车裂的酷刑。

在中国历史上，还有一件更为典型的因果报应的实例，这件事情发生在唐朝。《新唐书·酷吏列传》记载：

> 兴（指酷吏周兴），少习法律，自尚书史积迁秋官侍郎，屡决制狱，文深峭，妄杀数千人。……天授中，人告子珣、兴与丘神勣谋反，诏来俊臣鞫状。初，兴未知被告，方对俊臣食，俊臣曰：“囚多不服，奈何？”兴曰：“易耳，内之大瓮，炽炭周之，何事不承？”俊臣曰：“善。”命取瓮且炽火，徐谓兴曰：“有诏按君，请尝之。”兴骇汗，叩头服罪。诏诛神勣而宥兴岭表，在道为仇人所杀。

周兴是唐朝著名的酷吏，制造了大量冤案，最后有人告发周兴谋反，武则天就派另一个酷吏来俊臣审理，于是就上演了一幕“请君入瓮”的活剧。更具讽刺意味的是，周兴“断死，放流岭南。所破人家流者甚多，为仇家所杀”（《朝野佥载》卷六）。意思是说，周兴掌权之时，制造的冤案很多，其中有不少人被他流放到岭南（今广东一带）。当周兴也被流放到岭南时，岭南的那些仇人便合谋报仇，所以当周兴还在流放岭南的途中，就被仇家派来的刺客杀死了。同样制造大量冤案的来俊臣的下场比周兴更为悲惨：“有诏斩于西市，年四十七，人皆相庆，曰：‘今得背著床瞑矣！’

争抉目、擿肝、醢其肉，须臾尽，以马践其骨，无孑余，家属籍没。”（《新唐书·酷吏列传》）来俊臣被杀后，人们争相挖其眼、摘其肝、碎其肉，马踏其骨，连个尸首也没有留下来。

历史告诉我们，无论是为人还是为己，都要做一个仁爱、宽容的好人。任何人都可以像司马迁那样，举出许多善未善报、恶未恶报的例子，但相对于整个人口数量看，那还属于个例，不足以推翻善恶有报这一因果定律。

因将往日之罪，佛前尽情发露①，为疏一通②，先求登科③，誓行善事三千条，以报天地祖宗之德。

【注释】

①尽情：尽心尽意，诚心诚意。发露：坦白。

②为疏一通：写了一篇祈祷文。为，写作。疏，僧人、道士拜忏时焚化的祝告文。通，篇，份。

③登科：考中科举。唐朝制度，举人考中放榜后，称及第，等候吏部选拔；通过吏部复试，方称登科。唐代以后凡是考中科举者，都称为登科。

【译文】

我接着就把自己从前所犯下的罪过，在佛祖面前诚心诚意地全部坦白，还写下一篇祈祷文，先祈求科举考试成功，接着发誓要做三千件善事，以报答天地与祖宗的恩德。

云谷出功过格示余①，令所行之事，逐日登记；善则记数，恶则退除②；且教持《准提咒》③，以期必验④。

【注释】

①功过格：记录自己善恶功过的一种簿册。善心善行为“功”，记入“功格”；恶意恶行为“过”，记入“过格”。详见“评注一”。

②退除：减除。指减去一个行善的数字。

③持：持守，念诵。《准提咒》：佛教的一种咒语。详见“评注二”。

④期：必定，保证。验：应验。

【译文】

云谷禅师把功过格拿出来让我看，要我把今后所做的事情，逐日登记在功过格上；如果做了善事就登记一个数字，做了恶事就减去一个数字；而且还教我受持、念诵《准提咒》，以保证善恶报应一定能够应验。

【评注】

一

据史书记载，很早就有记录人的功过之说，但早期的记录者多为神灵，如上天、灶神、三尸等等。自记功过的较早记载见于宋叶梦得的《避暑录话》卷二：

> 赵康靖公概厚德长者，口未尝言人短。与欧文忠公同为知制诰，后亦同秉政。及文忠被谤，康靖密申辨理，至欲纳平生诰敕以保之，而文忠不知也。中岁常置黄、黑二豆于几案间，自旦数之，每兴一善念、为一善事，则投一黄豆于别器。暮发视之。初黑豆多于黄豆，渐久反之。既谢事归南京，二念不兴，遂彻豆无可数。

赵概字叔平，南京（今河南商丘。宋代称应天府为南京，宋代的应天府在今河南商丘）人，是北宋名臣，曾竭力为欧阳修辩诬，去世后谥“康靖”。在他中年的时候，经常放置黄、黑两种颜色的豆子于几案间，以黄豆记善，黑豆记恶，每兴一善念、行一善事，就投一黄豆于器皿中，反之则投黑豆。到了晚上，就计算两种豆子的数量。开始时，黑豆数量多于黄豆，后来慢慢黄豆数量多于黑豆。再到后来，赵概做到了佛教所主张的空净心境，善恶二念皆无，于是也就用不着再去计算豆子数量了。这种计算两种豆子的做法，可以说是功过格之滥觞。据清代石成金《传家宝》记载，宋代的范仲淹、苏轼、张浚等人，都有各自的功过格。到了明代，经袁了凡《了凡四训》的大力倡导，功过格遂大行于世，对人们行善戒恶起到了极大的促进作用。

二

唐代玄奘法师在主持翻译佛经时，曾规定对佛经的五种情况不予翻译：一、多含不翻。一个词蕴含多种内容的不予翻译。比如“摩诃”一词，含有“大”“伟大”“殊胜”“长久”等含义，如果翻译出其中一种含义，就会丢失其他含义。二、秘密不翻。如佛经中的咒语，就属于“密语”。咒语包含着特殊意义，而且一旦翻译出来，就会失去咒语的神秘性。三、尊重不翻。如“般若”一般不直译为“智慧”，因为世人所理解的“智慧”与佛经中说的“般若”还有着极大的不同。四、顺古不翻。某些词汇，依照古代高僧的翻译习惯，而不再另作翻译。比如“阿耨多罗三藐三菩提”，虽然可以译为“无上正等正觉”，但一般不这样翻译。五、此方无不翻。中国不存在对应词汇的不翻译。如印度的庵摩罗果，因为中国没有，所以不予翻译。《准提咒》属于“秘密不翻”，咒语为：

南无飒哆喃，三藐三菩陀，俱胝喃，怛侄他，唵，折戾主戾，准提娑婆诃。

“准提”指准提佛母，是一位以《准提咒》著称的大菩萨。汉译有“准提观音”“准提佛母”“七俱胝佛母”“天人丈夫观音”等。《准提陀罗尼经》说，念诵这一咒语，就可以消除从前种种罪孽，除灾获福，还可以求得佛祖智慧，证成佛果。汉地佛教界受持、念诵这一咒语的人很多，被列为“十小咒”之一。

语余曰：“符箓家有云[1]：‘不会书符[2]，被鬼神笑。’此有秘传，只是不动念也。执笔书符，先把万缘放下[3]，一尘不起[4]。从此念头不动处，下一点[5]，谓之混沌开基[6]。由此而一笔挥成，更无思虑，此符便灵。

【注释】

①符箓（lù）：方士画的所谓能够驱使鬼神、消灾求福的图形或线条。后来成为道教的重要法术之一。符箓起源很早，《后汉书·方术列传下》："河南有麹圣卿，善为丹书符劾，厌杀鬼神而使命之。"

②书符：画符。书，书写，画。

③万缘：各种牵连，各种事情。缘，牵连。这里指对自己有牵连的事情。

④一尘不起：一丝尘念也没有。尘，尘世。这里指有关尘世的念头。关于"一尘不起"的世俗意义，详见"评注"。

⑤下一点：指写下第一笔。

⑥混沌开基：混沌始开，万物初成。混沌，指混混沌沌的元气。开基，开始。古人认为，在天地万物形成之前，宇宙间是一片混沌之气，这种混沌之气叫"元气"。随着时间推移，"元气"中又清又轻的气逐渐上升，慢慢形成了天；而元气中又浊又重的气逐渐下降，慢慢形成了地。天地形成之后，天气（又称阳气）下降，地气（又称阴气）上升，天地二气相互交融，于是就产生了万物。从混沌元气到天地万物初生的转折时刻，就叫"混沌开基"。后来的道教养生书，如《大成捷要》等，把修炼内丹的一些起始点也叫"混沌开基"。

【译文】

云谷禅师告诉我说："符箓家有这样一些话：'不会画符，会被鬼神嘲笑。'画符是秘密传授的，其中的关键就是画符时不要产生任何念头。拿起笔画符的时候，事先一定要把各种事情放下，一丝一毫的尘念都不要放在心里。然后就趁着这个一丝念头都没有的时刻，画下第一笔，这一笔叫'混沌初开，万物始成'。从第一笔开始，接着顺势一笔画成，心中没有任何思虑，如此画出的符就有灵验。

【评注】

本段讲的"不动念""把万缘放下，一尘不起""无思虑"等，虽然主要是就画符而言，带有浓厚的宗教色彩，但也具有很大的世俗教育意义。如果我们能够把这种"万缘放下，一尘不起"的心态移植到我们的日常工作中，也一定能够取得非凡的成效。《庄子·达生》记载：

> 梓庆削木为鐻（一种像钟的乐器），鐻成，见者惊犹鬼神。鲁侯见而问焉，曰："子何术以为焉？"对曰："臣，工人，何术之有？虽然，有一焉。臣将为鐻，未尝敢以耗气也，必齐（斋戒）以静心。齐三日，而不敢怀庆赏爵禄；齐五日，不敢怀非誉巧拙；齐七日，辄然忘吾有四枝（肢）形体也。当是时也，无公朝，其巧专而外骨消。然后入山林，观天性，形躯至矣，然后成见鐻，然后加手焉。不然则已。则以天合天，器之所以疑（拟）神者，其是与！"

梓庆是一位木雕艺术家，每次当他准备雕钟的时候，一定要举行斋戒以清净心灵。当他斋戒三天后，心里就不再存有雕钟之后人们是否庆贺他、赏赐他的想法；斋戒五天后，心里就不再存有雕钟后别人如何评价他的念头；斋戒七天后，他突然之间连自我都忘掉了。此时的他物我两忘，智巧专一，而外界干扰全部消失。"把万缘放下，一尘不起"的梓庆这才进入山林，观察各种树木的天然质地，选出外形与钟形最接近的木料，然后开始加工制作。如果做不到这些，他就停止雕钟。因为梓庆能够把自己排除杂念后的清净天性与木料极为像钟的自然天性相互配合起来，所以雕刻的钟被人视为鬼斧神工。

符箓家以净心的状态画符，梓庆以净心的状态雕钟，都获得了他们所想要的结果。如果我们在做重要决定或从事重要工作前，也能够通过净心，把所有杂念尽量清除干净，一心投入思考与工作之中，那么我们也同样能够取得意想不到的成功。

“凡祈天立命[1]，都要从无思无虑处感格[2]。孟子论立命之学，而曰：‘夭寿不贰[3]。’夫夭寿，至贰者也[4]。当其不动念时[5]，孰为夭[6]，孰为寿？细分之，丰歉不贰[7]，然后可立贫富之命；穷通不贰[8]，然后可立贵贱之命；夭寿不贰，然后可立生死之命。人生世间，惟死生为重，曰夭寿，则一切顺逆皆该之矣[9]。

【注释】

①立命：建立自己的命运。也即把握、改善自己的命运。

②感格：感动上天。格，感通，感动。

③夭寿不贰：无论短命还是长寿，都不会三心二意。意思是，无论遇到短命还是长寿、逆境还是顺境，都要专心向善，不可三心二意，如此才能获取福报。夭，夭折，短命。贰，三心二意，不专一。几乎所有的译注本都把“夭寿不贰”解释为“夭折与长寿没有区别”，这既不符合孟子思想，也不符合云谷禅师的原意。详见“评注”。

④至贰者也：是最能够使人分心的事情啊。贰，二心，分心。

⑤不动念时：不产生任何念头的时候。也即置生死于度外，一心向善。

⑥孰为夭：又有什么叫夭折呢？孰，什么。既然做到了置生死于度外，那么心中就没有短命与长寿的观念，只要一心向善，其结果必然会长寿。这也就是老子讲的“圣人后其身而身先，外其身而身存。非以其无私邪？故能成其私”（《道德经》七章）的意思。

⑦丰歉：丰收与歉收。

⑧穷通：困窘与顺利。穷，困窘，走投无路。通，顺利，得意。

⑨则一切顺逆皆该之矣：那么一切顺境与逆境都包括进去了。顺，顺境，顺利的事情。泛指一切福祉。逆，逆境，不顺利的事情。泛

指一切灾难。该，包含，包括。

【译文】

“凡是想祈求上天以改善自我命运的人，都要用清虚空净、无思无虑的心态去感动上天。孟子在讨论把握自我命运这一学问的时候，就说：‘无论短命还是长寿，都要专心不二。’短命与长寿，是最容易让人分心的事情啊。在一个人一心向善而不产生任何其他念头的时候，什么算是短命，什么又算是长寿呢？仔细地分析、推理开去，无论丰收还是歉收，都一心向善而不分心，然后才可以改善自己的贫富之命；无论顺境还是逆境，都一心向善而不分心，然后才可以改善自己的贵贱之命；无论短命还是长寿，都一心向善而不分心，然后才可以改善自己的生死之命。人生活于世间，只有生死问题最为重要，孟子只说了短命与长寿问题，那么一切顺境逆境、好事坏事就全部包括进去了。

【评注】

几乎所有的译注本都把“夭寿不贰”解释为“夭折与长寿没有区别”，这既不符合孟子思想，也不符合云谷禅师的意思。为了更准确地理解孟子与云谷禅师“夭寿不贰”思想，我们必须回到《孟子·尽心上》中的原文：

> 孟子曰：“尽其心者，知其性也；知其性，则知天矣。存其心，养其性，所以事天也。夭寿不贰，修身以俟之，所以立命也。”

关于“夭寿不贰”，朱熹解释说：“夭寿，命之短长也。贰，疑也。不贰者，知天之至，修身以俟死，则事天以终身也。……知天而不以夭寿贰其心，智之尽也。”（《四书章句集注》）朱熹把“俟之”理解为“俟死”，而我们把它理解为等待时机，那么这段话翻译下来就是：

> 孟子说：“充分了解自己的善心，也就懂得了自己的天性；懂得了自己的天性，也就知道了天命。保持自己的善心，护养自己的天性，以事奉天命。无论短命还是长寿，都不要三心二意，修养好自身以等待时机，这就是把握自己命运的方法。”

很显然，孟子是告诫人们，无论在什么情况下，都要遵循天命，保护自己的天然善性，不得三心二意。云谷禅师正是依据孟子的这一思想，告诫袁了凡，无论在什么情况下，都要诚信向善，不可三心二意。宗杲禅师说："但知行好事，休要问前程。"(《大慧普觉禅师语录》卷三)只管一心行善，不用考虑前程如何，而美好前程自会到来。

另外还要说明的是，寿夭无别、是非一齐这种万物齐同思想，在庄子与佛教那里才能找到，而孟子从来不提倡"夭折与长寿没有区别"这种齐物思想。

"至'修身以俟之'①，乃积德祈天之事。曰'修'，则身有过恶，皆当治而去之；曰'俟'，则一毫觊觎②，一毫将迎③，皆当斩绝之矣④。到此地位⑤，直造先天之境⑥，即此便是实学⑦。汝未能无心⑧，但能持《准提咒》⑨，无记无数⑩，不令间断，持得纯熟，于持中不持，于不持中持⑪。到得念头不动，则灵验矣。"

【注释】

①修身以俟之：修养好自身品德以安心等待时机的到来。俟，等待。本句是云谷禅师引用孟子的话，见上一段"评注"中的《孟子》原文。云谷禅师接着又对其中的"修"与"俟"做了进一步的解释。

②觊觎（jì yú）：非分的希望或企图，希望得到不应该得到的东西。

③将迎：要送走或迎来某种事物。将，送走。

④斩绝：清除掉。

⑤地位：地步。这里指思想境界。

⑥直造：直接进入。造，达到，进入。先天之境：天地产生之前的混沌状态，也指人出生前的状态。处于这种状态时，心里就没有任

何祸福、是非等等念头了。详见“评注一”。

⑦实学：真正的学问。实，实际，真正。

⑧无心：没有任何念头。也即“先天之境”。

⑨但：只，只要。

⑩无记无数：不要去记录，也不要去计算次数。

⑪于持中不持，于不持中持：在修持、念诵时，不要执著地认为自己是在修持、念诵；在不认为自己是在修持、念诵的同时，还要认真修持、念诵。关于这一状态，涉及佛教的不执著思想，详见“评注二”。

【译文】

“至于孟子说的‘修养好自身的品德以安心等待时机’，讲的是积累美德以祈祷上天的事情。孟子说‘修养好自身的品德’，就是讲自身一旦有了过错罪恶，都应该立即改正去除；孟子说的‘安心等待时机’，就是要求一丝一毫的非分之想，一丝一毫的迎来送往之心，都应该清除干净。如果修养到这种地步，就能够直接进入无任何祸福、是非念头的空净境界，这就是真正的学问。你还没能达到这种清除所有念头的空净境界，只要能够做到认真修持、念诵《准提咒》也可以，念诵时既不要记录也不要计数，不要间断，要修持、念诵得十分纯熟，在修持、念诵时不要执著地认为自己是在修持、念诵，在不认为自己是在修持、念诵的同时还要认真修持、念诵，一旦达到妄念不动的时候，就会灵验了。”

【评注】

一

先天之境是指天地产生之前的大自然的混沌状态，也指个人出生前的无思无虑的精神状态。处于这种状态时，心里就没有祸福、是非等等念头，做到了彻底空净。为了说明这一点，我们看六祖惠能对道明禅师的教诲。根据《坛经·行由第一》记载，当惠能带着五祖弘忍交付的袈裟向南行走到大庾岭时，道明（原名惠明，后拜惠能为师，故改为道明）

追了上来，接着的情形是：

惠能掷下衣钵于石上，云："此衣表信，可力争耶？"能隐草莽中，惠明至，提掇不动，乃唤云："行者（指惠能），行者，我为法来，不为衣来！"惠能遂出，盘坐石上。惠明作礼云："望行者为我说法。"惠能云："汝既为法而来，可屏息诸缘，勿生一念，吾为汝说。"

明良久。惠能云："不思善，不思恶，正与么时，那个是明上座本来面目。"惠明言下大悟。

惠能说的"不思善，不思恶"（既不思量善事，也不思量恶事），正是佛教所要达到的空净境界。惠明听后大彻大悟，于是就改法号为"道明"，拜惠能为师。《坛经·般若第二》还记载了惠能写的一首偈语：

正见名出世，邪见是世间。邪正尽打却，菩提性宛然。

邪见固然不好，但如果执著于正见，同样不好。只有在心中既不存在邪见，也不存在正见，那才算是擦净了自己的天然本性。所以惠能反反复复地要求人们既不能心存恶念，也不能心存善念。不存恶念容易理解，但为什么还要不存善念呢？佛祖不是要求以慈悲为怀、普度众生吗？但禅宗自有禅宗的道理：

师（惟宽禅师）曰："心本无损伤，云何要修理？无论垢与净，一切勿念起。"（白居易）曰："垢即不可念，净无念可乎？"师曰："如人眼睛上，一物不可住。金屑虽珍宝，在眼亦为病。"（《五灯会元》卷三）

禅宗认为，人心好比眼睛，眼睛里固然不能揉进沙子，但也不能揉进金屑。金屑比沙子要珍贵得多，但同样伤害眼睛。白居易在《西京兴善寺传法堂碑铭并序》中也记载他向惟宽禅师提出了四个疑问，其中第三个就是这个问题。心里老挂念着我要做到善、善、善，我要排除恶、恶、恶，同样自由不起来。

佛教提倡的空净，不是"断灭空"，而是在没有任何尘念、毫无粘滞、自由自在的状态下去行善施德，普度众生。关于这一点，可参阅下一段文字。

二

要想理解“于持中不持，于不持中持”的真正含义，必须理解佛教所主张的不执著思想。不执著思想与上文提到的空净心境密切联系在一起，只有做到不执著，才能保持内心的空净；反过来，只有做到内心空净，才能更好地做到不执著。所谓“不执著”，主要体现在《金刚经》的一句话里：

> 无所住而生其心。

所谓“无所住而生其心”，意思是“应该在没有任何执著的心态基础上去生发出清净之心”。面对外界的事物时，应该产生各种想法，但这些想法是建立在“不执著”的基础之上。“无住”和“生心”是同时进行的。为了更清楚地说明这一道理，我们举《五灯会元》卷十七中的一例：

> 吉州青原惟信禅师，上堂：“老僧三十年前未参禅时，见山是山，见水是水。及至后来，亲见知识，有个入处。见山不是山，见水不是水。而今得个休歇处，依前见山只是山，见水只是水。”

惟信禅师的这段话讲得十分玄虚，后人见仁见智，解释分歧很大。其实，只要我们把文中的“山水”换成“金钱”一词，就很好理解了。当惟信禅师还是世俗人的时候，对事物持执著态度，他看见金钱是金钱，而且执著于金钱，因此看到金钱时就想占为己有；后来因为师父的指点，知道对于修佛的人来说，金钱是身外之物，甚至会成为成佛的累赘，于是就“见钱不是钱”，视之为罪孽，自然就会排斥金钱；经过三十年的修行，惟信禅师成了高僧，当他回过头来再次审视金钱的时候，明白金钱的作用，因而不再排斥，但此时他的追求是修道成佛，已经看淡了名利，虽然知道金钱的好处，但已经置于自己的追求之外，不再执著于金钱，因此也就不再想占为己有。这就是“无所住而生其心”。关于这种不执著的境界，《庄子·大宗师》也说过：

> 至人之用心若镜，不将不迎，应而不藏，故能胜物而不伤。

这段话译为：“圣人的心犹如一面镜子，他们既不主动地去送走外物，也不主动地去迎接外物，事物出现了就有所映照，事物过去了心中也就不留下任何痕迹，所以他们能够超然于万物之上而不受外物的伤害。”这就是说，圣人的思想已经超然于万物之上，因此对万物既不执著于占有，也不有意地去排斥。我们面对客观事物时，有爱有憎，因而会受到伤害；而圣人面对客观事物时，就像镜子照人一样，无爱无憎，以一种平静心态来对待、处理万事万物，因而不会受到伤害。这与《金刚经》的“应无所住而生其心”异曲同工。中国有一个著名的成语“逢场作戏”，讲的也是这个道理。《五灯会元》卷三记载：

邓隐峰辞师，师（高僧马祖道一）曰：“甚么处去？”曰：“石头（高僧石头希迁）去。”师曰：“石头路滑。”曰：“竿木随身，逢场作戏。”便去。

“竿木随身，逢场作戏”本指江湖艺人随时选择场地，用随身竿木，蒙布幔成台，为大众表演。在禅学中的意义，就是指一些禅师标榜自己已经达到了活泼泼自由解脱的境界，表面上与世俗人一样吃喝拉撒，内心里却平静如水，就好像演戏人一样，表面上嬉笑怒骂，心里面却平静如常。

无住生心是《金刚经》的精髓，在“无所住”的同时，还要“生其心”，让明镜止水般的心涵容万事万物。事情来了，以完全平静的心态予以关照；事情过去了，心境又恢复到自然的空明而不留任何痕迹。“无所住”是“生其心”的基础，“生其心”的同时又必须“无所住”。唐代诗人吕温《戏赠灵澈上人》说：

僧家亦有芳春兴，自是禅心无滞境。君看池水湛然时，何曾不受花枝影？

禅者既去关照芳春，而又不执著于芳春。禅心一似清澈、平静的池水，在映现世上万事万物的同时，仍然保持着澄明平静的不执著状态。这就是《金刚经》、也是禅宗所要达到的精神境界。

云谷禅师的“于持中不持，于不持中持”就是要求袁了凡以不执著的心态去受持《准提咒》，这样做的益处，我们还是套用佛教的一首偈语才能解释得更清楚：

若起精进心，是妄非精进，若能心不妄，精进无有涯。（《五灯会元》卷二引《法句经》）

如果一个人时刻不忘记努力学佛，这是错误的；只有当他努力学佛的时候而又忘记了自己是在努力学佛，他才能不断进步，前途无量。同样的道理，如果袁了凡时刻不忘记努力去修持《准提咒》，这是错误的；只有当他努力修持的时候而又忘记了自己是在努力修持，他才能真正取得进步，才能真正得到福报。

余初号"学海"①，是日改号"了凡"②，盖悟立命之说③，而不欲落凡夫窠臼也④。

【注释】

①号：别名。指人名以外的自称。古代文人往往根据居住地与志趣等为自己取号，如苏轼自号东坡居士，唐寅自号六如居士。

②是日：当日，此日。是，此。了凡：含有了结凡夫之身的意思。

③盖：连词。连接上一句或上一段，表示推论原因。

④窠臼（kē jiù）：鸟兽昆虫的窝与舂臼。比喻老格式，老习俗。这里指注定的命运。

【译文】

我当初自号"学海"，当天就改号为"了凡"，因为我明白了把控自我命运的道理，而不想再像凡夫俗子那样落入注定的命运之中。

从此而后，终日兢兢①，便觉与前不同。前日只是悠悠放任②，到此自有战兢惕厉景象③，在暗室屋漏中④，常恐得罪天地鬼神；遇人憎我毁我⑤，自能恬然容受⑥。

【注释】

①兢兢：即"兢兢业业"。谨慎小心而又努力不懈的样子。

②悠悠：悠闲而无所事事的样子。

③战兢：战战兢兢的样子。惕厉：心存警惕、畏惧的样子。厉，危险。这里指面对危险的样子。《周易·乾卦》："君子终日乾乾，夕惕若，厉无咎。"意思是："君子整天自强不息，直到夜晚也心存警惕，这样即使面临危险也不会有任何灾难。"景象：模样。指言行举止。

④暗室：指幽暗无人的室内。屋漏：房屋的西北角。古人往往把床安置在北窗旁边，因房屋西北角的上面开有天窗，以便阳光照入室内，故称"屋漏"。后来人们用"屋漏"指幽静的室内，与"暗室"基本同义。

⑤毁：毁谤，打击。

⑥恬然：心情淡然的样子。容受：宽容地接受。

【译文】

从此以后，我整天兢兢业业，于是就觉得自己与以前大不一样了。从前只是悠闲自在、放任自流地混日子，现在我自然有了战战兢兢、小心翼翼的言行举止，即使在无人知晓的室内，我也时刻担心会获罪于天地鬼神；遇到别人憎恨我、毁谤我的时候，我也自然能够心境淡然、非常宽容地接受了。

到明年①，礼部考科举②，孔先生算该第三③，忽考第一，其言不验，而秋闱中式矣④。然行义未纯，检身多误⑤：或见善而行之不勇⑥，或救人而心常自疑；或身勉为善，而口有过言⑦；或醒时操持⑧，而醉后放逸⑨。以过折功，日常虚度。

【注释】

①到明年：到了第二年。即隆庆四年（1570），袁了凡时年三十八岁。

②礼部考科举：指由礼部主持的对太学贡生所进行的考试，这种考试带有考核性质。礼部，古代朝廷的六部之一，负责礼乐、祭祀、封建、学校、贡举等事。

③算该第三：预测我应该考第三名。

④秋闱（wéi）中式：乡试时考中了举人。秋闱，即乡试。通过这一级考试者为举人。闱，本指宫中小门，科举考试的场地防守严密，称“锁闱”，简称“闱”。正常情况下，秋闱每三年举行一次，考试地点在省城。考试时间一般定在八月，故称“秋试”“秋闱”。考取举人即具备做官资格，乡试第一名称为解元。中式，符合标准。也即考中。

⑤检身：检查自身。检，检查，反省。

⑥或：有时候。理解为“或者”亦通。

⑦过言：错误的言论。过，过错。

⑧操持：自我约束。

⑨放逸：放纵。

【译文】

到了第二年，我参加礼部主持的带有考核性质的科举考试，孔先生测算我能够考第三名，我却突然考了第一名，他的预测不再应验了，而在秋天的乡试时我考上了举人。然而我的仁义行为还不够纯粹，自我检查还有许多过失：有时候看到应该做的善事却缺乏行动勇气，有时候在救助别人时心里却常常迟疑不决；有时候自己努力去做善事，却又出言不当；有时候清醒时能够约束自我，喝醉后又放纵起来。自己的过失抵消了自己的功德，许多日子就这样虚度了。

自己巳岁发愿[①]，直至己卯岁[②]，历十余年，而三千善行始完。时方从李渐庵入关[3]，未及回向[4]。庚辰南还[5]，始请性空、慧空诸上人[6]，就东塔禅堂回向[7]。遂起求子愿[8]，亦许行三千善事。辛巳[9]，生男天启[10]。

【注释】

①己巳岁：即1569年。发愿：指该年袁了凡与云谷禅师谈话时所发下的“行善事三千条”的誓愿。

②己卯岁：即1579年。

③李渐庵：即李世达，字子成，号渐庵。泾阳（今陕西泾阳）人。嘉靖三十五年（1556）进士。先后任户部主事、南京太仆卿、浙江巡抚、南京兵部右侍郎、刑部尚书等职。入关：到关中。关，这里指关中，在今陕西一带，也即李渐庵的家乡。《明史·李世达列传》未载此事。

④回向：佛教用语。将自己所修的功德、智慧，回头转赠给他人、众生，使大家都能够获取福报，进入庄严佛土。

⑤庚辰：即1580年。南还：回到南方家乡。

⑥性空、慧空：僧人名。生平不详。诸上人：诸位高僧。上人，对德高望重的僧人的尊称。

⑦就：接近。这里是“在……举行”的意思。东塔：寺庙名。全国叫东塔寺的庙宇很多，这里应指袁了凡家乡附近的嘉兴东塔寺。一般认为袁了凡为吴江（今江苏苏州吴江区）人，一说他应是嘉善（今浙江嘉善，为嘉兴属县）人，因为他出生于嘉善。《袁了凡居士传》记载：“了凡之先，赘嘉善殳氏，遂补嘉善县学生。”吴江与嘉善相距不远。禅堂：僧人参禅的处所。

⑧遂：于是。起求子愿：发下求子的誓愿。

⑨辛巳：即1581年。

⑩男：男孩子，儿子。天启：袁了凡的儿子。本篇就是写给儿子袁天启的。袁天启（1581—1627），初名天启，后改名俨，字思若，号素水。天启五年（1625）进士，授高要（今广东高要）知县，天启七年（1627），因操劳呕血，卒于知县任上。

【译文】

自从己巳年发下誓愿，一直到了己卯年，历时十余年，三千件善行才圆满完成。当时正跟随李渐庵先生到关中办事，还没有来得及把自己积累的功德回转给众生。庚辰年回到南方家乡后，才请了性空禅师、慧空禅师等诸位高僧，在东塔寺的禅堂里举办了回向法事。这时我又发下求子的誓愿，也许下了再做三千件善事的诺言。辛巳年便生下了儿子袁天启。

余行一事，随以笔记；汝母不能书①，每行一事，辄用鹅毛管②，印一朱圈于历日之上③。或施食贫人，或买放生命④，一日有多至十余圈者。至癸未八月⑤，三千之数已满。复请性空辈⑥，就家庭回向。

【注释】

①汝母：你母亲。指袁天启的母亲。因为本篇《立命之学》是写给儿子袁天启的，所以“汝”指袁天启。

②辄：就。鹅毛管：指截断后的鹅毛管，用它的断截面印出红色圆形标记。

③朱圈：红色的圈。朱，红色。历日：日历。

④买放生命：把鸟兽买来放生。在古代，放生是一件有争议的事情，详见“评注”。

⑤癸未：即1583年。

⑥辈：某一类的人。这里指性空一类的高僧。

【译文】

我每做一件善事，随即就用笔记录下来；你母亲不会写字，她每做一件善事，就用鹅的羽毛管，在日历上印下一个红色的圆圈。或者是施舍食物给穷人，或者是买来鸟兽放生，有时候一天印下的红圈多达十几个。到了癸未年的八月，三千件善事已经圆满完成。我又一次邀请性空禅师等高僧，在家里做了一次回向法事。

【评注】

放生是指购买被别人捕捉的鸡、鸭、鱼、兔等鸟兽，再放于池沼、山野之中，以挽救它们的生命。佛教称有关放生仪式为放生法会（简称放生会）。佛教认为放生可以积累功德，增寿延年，使自己最终获得解脱。

据记载，中国在先秦时期就有放生习俗，而当时就有人对放生的副作用表示担忧。《列子·说符篇》记载：

> 邯郸之民以正月之旦献鸠于简子，简子大悦，厚赏之。客问其故，简子曰："正旦放生，示有恩也。"客曰："民知君之欲放之，故竞而捕之，死者众矣。君如欲生之，不若禁民勿捕。捕而放之，恩过不相补矣。"简子曰："然。"

应该说，门客的担忧是非常有道理的。虽然放生者的主观愿望是好的，但如果大家都去放生，一定会促进捕捉业的兴旺，而真正的受害者还是生灵。袁枚在《放生所》中也描述了他在放生所看到的残酷情景：

> 我来放生所，刺目尤心惊。鸡饿且啄距，牛呿半陷坑。颁鹅瘦于雀，仙鹿秽若蝇。是谓违物性，桎梏加天刑。放乃未尝放，生不如无生。

放生体现了佛教珍爱生命的大慈大悲之心，是一件值得肯定的事情，但在具体操作时，一定要把好事办好，千万不可因为鼓励放生反而伤害了鸟兽的生命。

九月十三日①，复起求中进士愿，许行善事一万条。丙戌登第②，授宝坻知县③。余置空格一册④，名曰《治心编》。晨起坐堂⑤，家人携付门役⑥，置案上，所行善恶，纤悉必记⑦。夜则设桌于庭，效赵阅道焚香告帝⑧。

【注释】

①九月十三日：指癸未年（1583）的九月十三日。

②丙戌：即1586年。登第：考中进士。

③宝坻（dǐ）：县名。在今天津宝坻区。

④空格一册：一本空白的簿册。

⑤坐堂：官员在官府的大堂上处理政务，审判案件。

⑥家人：一说指自己的家里人，一说指仆人。携付：拿去交给。门役：又叫门吏，负责守门的衙役。

⑦纤悉：细微详尽。纤，细微。悉，详尽，全部。

⑧效：效法。赵阅道：即赵抃（1008—1084），字阅道。衢州西安（今浙江衢州）人。北宋名臣。进士及第后，先后任武安军节度推官、中侍御史、右谏议大夫、参知政事等职。享年七十七岁，追赠少师，谥"清献"。《宋史·赵抃列传》："日所为事，入夜必衣冠露香以告于天，不可告，则不敢为也。"每天晚上，赵抃穿戴整齐，在露天焚香，把一天的所作所为禀告上天，凡是不敢禀告上天的事情，赵抃就不敢去做。

【译文】

这一年的九月十三日，我又发下考中进士的誓愿，并许下做一万件善事的诺言。到了丙戌年果然考中进士，被授予宝坻知县一职。我准备了一本空白簿册，为它起名《治心编》。每天早上起床来到大堂办理公务时，就让家人把《治心编》交给门役，放在桌案上，自己所做的善事恶事，无论大小全部详尽地记录下来。到了夜晚，就在庭院里摆设一张桌案，仿效北宋的赵阅道，点上香，然后把自己所做的一切禀告给天帝。

汝母见所行不多[①]，辄颦蹙曰[②]："我前在家，相助为善，故三千之数得完；今许一万，衙中无事可行，何时得圆满乎？"夜间偶梦见一神人，余言善事难完之故。神曰："只减粮一节[③]，万行俱完矣[④]。"

【注释】

①所行：指所做的善事。

②辄（zhé）：就，就会。颦蹙（pín cù）：皱着眉头。形容忧愁的样子。

③减粮：指减免或减轻百姓的税粮。一节：一件事。

④万行：一万件善事。

【译文】

你母亲看到我所做的善事不多，就会皱着眉头说："我以前在家里的时候，可以帮助你做善事，所以能够很快完成三千件善事；如今许下了做一万件善事的诺言，县衙里也没有多少善事可做，什么时候才能够圆满完成这一万件善事的任务呢？"夜里我偶然梦见了一位神人，我就对他讲了一万件善事难以完成的原因。神人告诉我："仅仅只需减轻百姓税粮这一件事情，一万件善事就可以完成了。"

盖宝坻之田[①]，每亩二分三厘七毫[②]。余为区处[③]，减至一分四厘六毫。委有此事[④]，心颇惊疑。适幻余禅师自五台来[⑤]，余以梦告之，且问此事宜信否[⑥]，师曰："善心真切，即一行可当万善，况合县减粮[⑦]，万民受福乎！"吾即捐俸银，请其就五台山斋僧一万而回向之[⑧]。

【注释】

①盖：句首语气词，无义。

②二分三厘七毫：指每亩地上缴的税银。十毫为一厘，十厘为一分，十分为一两。

③区处：筹划，处理。

④委有此事：确实有减粮这件事情。委，确实。梦见神人说及减粮的事情，实属怪异，所以下句说袁了凡对此“心颇惊疑”；另外，袁了凡还怀疑减税这一件事情是否真的能够抵上自己所承诺的一万件善事。

⑤适：刚好。幻余禅师：五台山高僧。生平不详。五台：即五台山。佛教圣地，在今山西。

⑥宜：应该。

⑦合县：整个县，全县。合，整个，全部。

⑧斋僧一万：为一万名僧人提供斋饭。斋，为僧人提供素食。回向之：把自己积累的功德转而赠予他们。

【译文】

宝坻县的土地，每亩要上缴二分三厘七毫的税银。我对此事进行仔细筹划安排，减少到了每亩一分四厘六毫。我确实做过减轻粮税这件事，所以对神人能够在我梦中提及此事感到吃惊疑惑。刚好幻余禅师从五台山来到宝坻，我就把这个梦告诉他，并且向他请教这个梦是否应该相信，幻余禅师回答说：“如果行善之心真诚恳切，即便是一件善事也抵得上一万件善事，更何况是为全县减少税银，使成千上万的百姓获得了福祉呢！”我当即捐出自己的俸银，请幻余禅师在五台山为一万名僧人布施斋饭，并把自己积累的功德转而赠予他们。

孔公算予五十三岁有厄[①]，余未尝祈寿[②]，是岁竟无恙[③]，今六十九矣。《书》曰[④]：“天难谌，命靡常[⑤]。”又云：“惟命不于常[6]。”皆非诳语。吾于是而知[7]，凡称祸福自己求之者，乃圣贤之言；若谓祸福惟天所命，则世俗之论矣。

【注释】

①有厄：有灾难。厄，灾难。孔先生曾经预测袁了凡“五十三岁八月十四日丑时，当终于正寝，惜无子”。

②未尝祈寿：不曾向神灵祈求长寿。

③是岁：指五十三岁那一年。是，这。无恙：平安无事。恙，疾病，灾难。

④《书》：指儒家五经之一的《尚书》。

⑤天难谌（chén），命靡常：天命很难相信、依靠，因为天命是变化无常的。谌，相信。靡，无，没有。这两句出自《尚书・咸有一德》。

⑥惟命不于常：天命不是恒久不变的。惟，发语词，无义。本句出自《尚书・康诰》。

⑦于是：从这些事情上。是，代指上述的关于自己的经历和《尚书》中的言论。

【译文】

孔先生预测我五十三岁时有灾难，我也从未向神灵祈求过长寿，而那一年竟然平安无事，如今我已经六十九岁了。《尚书》中说：“天命很难相信、依靠，因为天命变化无常。”《尚书》中还说：“天命不是恒久不变的。”这些都不是骗人的谎话。我从自己的经历与《尚书》的言论中明白了，凡是说祸福吉凶都是自己造成的，便是圣贤的言论；如果说祸福吉凶都是天命注定的，那就是凡夫俗子的论调。

汝之命，未知若何。即命当荣显，常作落寞想[1]；即时当顺利，常作拂逆想[2]；即眼前足食，常作贫窭想[3]；即人相爱敬[4]，常作恐惧想；即家世望重[5]，常作卑下想[6]；即学问颇优，常作浅陋想。

【注释】

①落寞：寂寞，冷落。也即郁郁不得志。

②拂逆：不顺利。拂，违背，不顺利。

③贫窭（jù）：贫困。窭，贫穷。

④相爱敬：对你很爱戴、尊敬。相，表示动作偏指一方。

⑤望重：名望很高。

⑥卑下：谦卑，谦下。

【译文】

你的未来命运，还不知道是什么样的。即便是命运亨通、荣华富贵，你也要经常做好失意落魄的思想准备；即便是十分顺利的时候，你也要经常做好陷入逆境的思想准备；即便是眼前丰衣足食，你也要经常做好应对贫穷的思想准备；即便是受到别人爱戴尊敬，你也要经常战战兢兢、如履薄冰；即便是家道兴旺、声望很高，你也要经常想着谦卑退让；即便是学问极为优异，你也要经常把自己视为见识浅陋之人。

【评注】

袁了凡这段训导儿子的言论，可以作为我们每个人的座右铭。人无千日好，花无百日红，只有那些能够居安思危、在盛思衰的人，才能立于不败之地。在这方面，北宋张知白堪为表率。在张知白担任宰相时，生活依然像从前一样节俭，有人劝他从众，以免被讥为虚伪，张知白回答说：

> 吾今日之俸，虽举家锦衣玉食，何患其不能？顾人之常情，由俭入奢易，由奢入俭难。吾今日之俸，岂能常有？身岂能常存？一旦异于今日，家人习奢已久，不能顿俭，必至失所，岂若吾居位去位、身存身亡，常如一日乎？（陈录《善诱文·司马温公训俭》）

《宋史·张知白列传》也说："知白在相位，慎名器，无毫发私。常以盛满为戒，虽显贵，其清约如寒士。"身居宰相高位的张知白坚持节俭的生活，不仅可以使全家生活在物质上无后顾之忧，也为将来可能会出现的贫苦日子做好了充分的思想准备。特别是"居位去位、身存身亡"一句，使人备受启迪：虽然我高居相位，但我思想上把自己视为没有任何地位的平民；虽然我还活在世上，但我思想上把自己看作已经死亡的人。一个人如果能够真正做到"居位去位、身存身亡"，那么他就可以在物质、精神两个层面永远立于不败之地。

远思扬祖宗之德①，近思盖父母之愆②；上思报国之恩，下思造家之福；外思济人之急，内思闲己之邪③。

【注释】

①扬：发扬光大。

②盖父母之愆（qiān）：纠正、弥补父母的过失。盖，遮盖，掩饰。这里引申为纠正、弥补。愆，过失。如何对待父母的过失，详见"评注"。

③闲己之邪：防备自己的邪念。闲，防备，防止。

【译文】

从远处讲，要考虑如何发扬光大祖先的美德；从近处讲，要考虑如何妥善弥补父母的过失。对上，要多想想如何报效国家；对下，要多想想如何造福家庭；对外，要时刻想着救人之急；对内，要时刻防止个人邪念。

【评注】

"百善孝为先"是中国人的传统观念，先秦儒家撰写了《孝经》，汉代皇室标榜以孝治天下，唐玄宗专门为《孝经》作注，如何孝敬自己的父母，成了一门学问。我们这里主要针对本段的"近思盖父母之愆"，谈谈古人如何对待父母的过失。

儒家并不认为对父母百依百顺就是孝顺，相反，如果父母有了错误，子女应该勇于劝谏。《孝经·谏诤章》记载：

曾子曰："若夫慈爱恭敬，安亲扬名，则闻命矣。敢问子从父之令，可谓孝乎？"子曰："是何言与！是何言与！昔者天子有争臣七人，虽无道，不失其天下。……父有争子，则身不陷于不义。故当不义，则子不可以不争于父。……从父之令，又焉得为孝乎？"

孔子认为，对父母百依百顺，并非真正的孝敬；勇于劝谏犯错的父母，不让父母陷于不义，才是真正的孝敬。但在劝谏父母时，一定要注意方式方法：

子曰："事父母几谏。见志不从，又敬不违，劳而不怨。"（《论语·里仁》）

孔子告诫人们，劝谏父母的语言一定要委婉，如果父母不接受，仍然尊敬他们而不去冒犯他们，即使内心忧愁但绝不抱怨。《礼记·内则》对此有更为详细的说明："父母有过，下气怡色，柔声以谏。谏若不入，起敬起孝。说（通悦）则复谏，不说，与其得罪于乡、党、州、闾，宁孰谏。父母怒，不说，而挞之流血，不敢疾怨，起敬起孝。"父母有了过错，要和颜悦色、低声细语地进行劝告。父母如果不接受，自己还是保持一片孝敬之心，耐心地等到父母心情高兴的时候再次劝告。与其让父母得罪于父老乡亲，宁可反复劝谏。如果父母因为自己的劝告而鞭挞自己，自己也不敢有任何怨恨，照样保持一片孝敬之心。

不与父母发生正面冲突，并不意味着不去弥补、纠正他们的错误，《太平御览》卷五一九引古本《孝子传》：

原穀者，不知何许人。祖年老，父母厌患之，意欲弃之。穀年十五，涕泣苦谏。父母不从，乃作舆舁弃之。穀乃随收舆归。父谓之曰："尔焉用此凶具？"穀云："后父老，不能更作得，是以取之耳。"父感悟愧惧，乃载祖归侍养，克己自责，更成纯孝，穀为纯孙。

原豰的祖父老了,原豰的父母就把老人放在一个破车厢里抬着丢弃在野外,十五岁的原豰苦劝不听,于是就把那个破车厢背了回来。父亲问他要此何用,原豰回答:“以后您老了,我也刚好用得上,不用再做了,所以就顺便背回来了。”父亲听后深感愧疚,于是就把老人接回家用心奉养。原豰引导父母换位思考,使父亲成了纯孝之子,原豰自然更是纯孝之孙。

最后还要说明,儒家有“为尊者讳,为亲者讳,为贤者讳”(《春秋公羊传·闵公二年》)的原则,劝谏、弥补父母的过失是对的,但尽量不讲、少讲他们的过失,更不可为了凸显自己的美德而宣扬父母的过失。

务要日日知非,日日改过;一日不知非,即一日安于自是;一日无过可改,即一日无步可进[①]。天下聪明俊秀不少,所以德不加修,业不加广者[②],只为因循二字[③],耽阁一生[④]。云谷禅师所授立命之说,乃至精至邃、至真至正之理[⑤],其熟玩而勉行之[⑥],毋自旷也[⑦]。

【注释】

①无步可进:没有进步。

②业不加广:学业没有得到提升。

③因循:因循旧习,不求进步。

④耽阁:即“耽搁”。耽误。

⑤至精:最为精妙。至邃:最为深邃。

⑥熟玩:反复、认真地研究、体会。

⑦毋:不要。自旷:让自己虚度一生。旷,空,虚。《正字通·日部》:“旷,空也,虚也。”

【译文】

一定要天天反省自己的错误,天天改正自己的过失;如果一天不反省自己的错误，这一天就会安于自以为是的状态；如果一天没有什么过失值得自己去改正，那么这一天也就无进步可言。天下聪明俊秀的人不少，但其中一些人品德缺乏修养、学业未能提升的原因，就只是因为“因循”二字，结果耽误了自己一生。云谷禅师所传授的把握自我命运的学说，是最为精妙、最为深邃、最为真实、最为正确的道理，希望你能够认真体会并按照这一道理去身体力行，千万不要虚度了自己的一生。

第二篇　改过之法

【题解】

改过之法，改正过失的方法。作者认为，一个人在行善之前，首先要做到改正已有的过失。接着阐述了改过方法：第一，改过需要“三心”，即羞耻心、敬畏心、勇敢心，也就是要求改过者在明辨是非的基础上，带着满怀愧疚的羞耻之感与战战兢兢的恐惧心理，去勇敢地改正错误。第二，改过有三条途径，一是从事上改，二是从理上改，三是从心上改。“从事上改”是就事论事，“从理上改”是指想清楚道理后再去改正，“从心上改”是指从心底深处清除一切错误念头。作者认为，从心上改是最好的方法，一旦心中有了正念，就如同“太阳当空，魍魉潜消”一样，所有的错误念头与过失行为都将自然消失。第三，袁了凡还指出改正错误后的一些可喜征兆以及作恶多端者的表现，并列举了前代贤人的改过经验，以供改过者参考。

春秋诸大夫[①]，见人言动[②]，亿而谈其祸福[③]，靡不验者[④]，《左》《国》诸记可观也[⑤]。大都吉凶之兆[⑥]，萌乎心而动乎四体[⑦]，其过于厚者常获福[⑧]，过于薄者常近祸。俗眼多翳[⑨]，谓有未定而不可测者[⑩]。至诚合天，福之将至，观其善而必先知之矣；祸之将至，观其不善而必先知之矣。今欲获福而远祸，未论行善[11]，先须改过[12]。

【注释】

①春秋：我国历史上的一个时期，因鲁国编年史《春秋》涵盖了这一时期而得名。现在史学界一般把公元前770—前476年划为春秋时期。大夫：古代官职名。位于卿之下，士之上。

②言动：言行。动，行动。

③亿：通“臆”。推测，揣测。

④靡不验者：没有不应验的。靡，无，没有。

⑤《左》：书名。指《左传》，又称《春秋左氏传》。编年体春秋史书，相传为春秋时期鲁国左丘明撰著，为儒家重要经典之一，与《公羊传》《穀梁传》合称“春秋三传”。《国》：书名。指《国语》。《国语》相传也为左丘明所撰，是一部国别体史书。编纂方法是以国分类，以言论为主，故名“国语”。该书主要记录了周、鲁、齐、晋、郑、楚、吴、越八国事。诸记：诸多记载。

⑥兆：预兆，苗头。

⑦萌：萌生，产生。动乎四体：由四肢行动表现出来。

⑧过于厚者：非常忠厚的人。

⑨俗眼多翳（yì）：世俗人的眼睛常常会被外物所蒙蔽。翳，眼睛上长的膜。这里比喻眼睛被名利等所蒙蔽。

⑩谓有未定而不可测者：就认为命运不能确定而且也无法预测。

⑪未论行善：先不说行善的问题。未论，不说。

⑫改过：改正错误。古人对改过的看法，详见“评注”。

【译文】

春秋时期的那些士大夫们，看到别人的言行，就能够预测出这个人的祸福吉凶，没有不应验的，在《左传》《国语》等许多史书中都可以看到这类记载。大体上说，祸福吉凶的苗头，首先产生于心里而后体现在他们的行为上，那些美德极为深厚的人常常获得福祉，那些品质过于刻薄的人常常会遇到灾难。世俗人的眼睛会被许多事情所蒙蔽，就认为命运无法确定也无法预测。最为真诚之人的思想境界与天道融而为一，当福祉将要降临于某人时，最为真诚之人通过观察此人的善行就一定能够预先知道；当灾祸将要降临于某人时，最为真诚之人通过观察此人的恶行也一定能够预先知道。如今要想获得福祉而远离灾祸，在还没有谈到行善的问题前，首先必须改正错误。

【评注】

人非圣人，孰能无过？关键在于知错必改，对此，孔子说：

过而不改，是谓过矣。（《论语·卫灵公》）

孔子认为，有了错误而不去改正，才算是真正的错误。那么反过来说，知错即改，就不算是错误了。这不仅体现了孔子对犯错者的宽容，也给予犯错者以改过的自信心。

其实不仅常人会犯错，圣贤也会。《论语·述而》记载，有一次，陈国的司败（官名）问孔子："鲁昭公懂礼吗？"孔子说："懂礼。"孔子走了以后，司败对孔子弟子巫马期说："我听说君子是不会相互偏袒的，君子也偏袒别人吗？鲁昭公从吴国娶了一位夫人，是同姓，于是就称呼她为吴孟子。昭公如果懂礼，还有谁不懂礼呢？"巫马期就把这件事告诉孔子。孔子说："我孔丘真是幸运啊，如果犯了错误，别人就一定会给指出来。"古人早就知道"男女同姓，其生不蕃"（《左传·僖公二十三年》），因此禁止同姓通婚，而鲁昭公却娶了一位同姓女子做夫人。孔子依据"为尊者讳"的原则，把鲁昭公不合礼制的行为说成是符合礼制，当别人指出这一点时，孔子就虚心接受而不去自我文饰。《论语·子张》记载，孔子弟子子贡曾经赞美犯错的君子说：

君子之过也，如日月之食焉：过也，人皆见之；更也，人皆仰之。

子贡说："君子所犯的错误，就如同日食和月食那样：犯错误的时候，人人都能看得到；改正错误的时候，人人都仰望着他。”勇于改过的君子，依然会受到民众的敬仰。

但改过者①，第一，要发耻心②。思古之圣贤，与我同为丈夫③，彼何以百世可师④？我何以一身瓦裂⑤？耽染尘情⑥，私行不义，谓人不知⑦，傲然无愧⑧，将日沦于禽兽而不自知矣⑨；世之可羞可耻者，莫大乎此。孟子曰：“耻之于人大矣⑩。”以其得之则圣贤⑪，失之则禽兽耳。此改过之要机也⑫。

【注释】

①但：但凡，凡是。

②耻心：羞耻之心。

③丈夫：男子汉，七尺男儿。

④百世可师：百世之后仍然为人们所效法。也即成为千秋万代人的榜样。世，一代人叫一世，三十年也叫一世。师，效法。

⑤瓦裂：破碎的瓦片。比喻德才败坏，一无是处。

⑥耽染尘情：沉溺于世俗的名利之情。耽，沉溺。染，污染。尘，尘世，世俗。

⑦谓：以为，认为。

⑧傲然：高傲自负、轻视别人的样子。“耽染尘情，私行不义，谓人不知，傲然无愧”的例子，详见“评注”。

⑨日沦于禽兽：一天天变得像禽兽一样。

⑩耻之于人大矣：羞耻之心对于一个人来说是非常重要的。大，重要。本句见于《孟子·尽心上》。

⑪之：代指羞耻之心。

⑫此：代指羞耻之心。要机：关键。

【译文】

凡是要改正错误的人,第一,要有羞耻之心。想想古代那些圣贤,与我们同样是七尺男儿,他们为什么能够成为千秋万代人的学习榜样?我们为什么就像破碎的瓦片那样一无是处?有些人沉溺于世俗的名利之中,私下里做了许多不义之事,还以为别人都不知道,依旧傲然自负而无丝毫羞愧之心,这种人将会一天天地沦为禽兽而自己还没有感觉到;世上值得羞耻的事情,没有比这个更大的了。孟子曰:"羞耻之心对于一个人来说实在太重要了。"因为有了羞耻之心就可以成为圣贤,没有羞耻之心就会成为禽兽。具有羞耻之心是改正错误的关键。

【评注】

世上有不少人背地里龌龊卑鄙,在人面前道貌岸然,还以为自己的丑行无人知晓,依然傲然无愧,睥睨一世。其典型例子见《孟子·离娄下》:

> 齐人有一妻一妾而处室者,其良人出,则必餍酒肉而后反。其妻问所与饮食者,则尽富贵也。其妻告其妾曰:"良人出,则必餍酒肉而后反;问其与饮食者,尽富贵也,而未尝有显者来,吾将瞷良人之所之也。"蚤起,施从良人之所之,遍国中无与立谈者。卒之东郭墦间,之祭者,乞其余;不足,又顾而之他,此其为餍足之道也。其妻归,告其妾曰:"良人者,所仰望而终身也。今若此。"与其妾讪其良人,而相泣于中庭。而良人未之知也,施施从外来,骄其妻妾。

齐国有个做丈夫的,娶了一妻一妾。丈夫每次外出,都会吃饱喝足而归。妻子问他与谁一起宴饮,他说全是富贵之人。妻子对此很是怀疑,一天清早起来,妻子便悄悄地尾随在丈夫后面,发现走遍整个都城,竟然没有一个人愿意与丈夫打声招呼。丈夫最后来到城外的墓地,向祭扫坟墓的人讨要些残羹剩饭;没吃饱,又东张西望地跑到别处乞讨。这便是他能吃饱喝足的缘由。妻子回家把这一情况告诉小妾,说:"丈夫是我们终身依靠的人,没想到他竟然这么无耻!"当妻妾二人在庭院中相对哭泣、大骂丈夫时,丈夫大摇大摆地从外面回来了,不知道自己行踪已经败露的丈夫，依旧得意洋洋地在妻妾面前炫耀自己又参加了某位富贵之人的宴请。孟子接着感叹说："由君子观之，则人之所以求富贵利达者，其妻妾不羞也，而不相泣者，几希矣。"在孟子眼中，那些能够升官发财的人，不过都是这个丈夫一类的人而已。

第二，要发畏心①。天地在上，鬼神难欺，吾虽过在隐微②，而天地鬼神，实鉴临之③，重则降之百殃，轻则损其现福，吾何可以不惧？不惟是也④，闲居之地⑤，指视昭然⑥；吾虽掩之甚密，文之甚巧⑦，而肺肝早露⑧，终难自欺；被人觑破⑨，不值一文矣⑩，乌得不懔懔⑪？

【注释】

①畏心：敬畏之心。

②虽过在隐微：即使在非常隐秘的地方犯的过错。虽，即使。微，隐蔽，不显露的地方。

③鉴临：监视。鉴，察看，审察。临，从高处往低处看。

④不惟是也：不仅仅如此啊。惟，只有，仅仅。是，此。

⑤闲居之地：避开别人独居的地方。闲居，独居。

⑥指视昭然：就像观察自己的手指一样看得清清楚楚。本句的主语是神灵。《论语·八佾》："或问禘（一种祭礼）之说。子曰：'不知也。知其说者之于天下也，其如示诸斯乎！'指其掌。"意思是："有人请教有关禘祭的理论，孔子说：'我不知道。懂得禘祭理论的人对于整个天下的了解，大概就如同对自己手掌的了解一样吧。'孔子指着自己的手掌示意道。"后来用"指视"比喻看得清楚。昭然，清清楚楚的样子。

⑦文之甚巧：对自己的错误文饰得非常巧妙。

⑧肺肝：代指自己的真实思想、用心。

⑨觑（qù）破：看破，看穿。觑，看见。

⑩文：一枚铜钱。因为铜钱上面铸有文字，所以南北朝以后，人们称一枚铜钱叫一文。

⑪乌得不懔懔（lǐn）：怎能不战战兢兢地敬畏神灵呢？乌得，怎么能够。懔懔，战战兢兢、十分敬畏的样子。

【译文】

第二，要有敬畏之心。天地之神灵就在我们的头上，鬼神是难以欺骗的，我们的过错即使发生在极为隐蔽之处，而天地鬼神，其实也在监视着我们，严重的就会降下各种各样的灾难，轻微的也会减损我们现有的福祉，我们怎么可以不敬畏呢？不仅如此，即使我们在私室独居，神灵也会像观察自己的手指一样对我们的言行看得清清楚楚；我们即使掩盖得很严密，文饰得很巧妙，而我们的真实用心早已暴露在外，最终既难以自欺，也会被人看穿，那时我们就一文不值了，怎么能够不战战兢兢地敬畏神灵呢？

不惟是也。一息尚存①，弥天之恶②，犹可悔改；古人有一生作恶，临死悔悟，发一善念，遂得善终者。谓一念猛厉③，足以涤百年之恶也④。譬如千年幽谷⑤，一灯才照，则千年之暗俱除；故过不论久近，惟以改为贵。但尘世无常，肉身易殒⑥，一息不属⑦，欲改无由矣⑧。明则千百年担负恶名⑨，虽孝子慈孙，不能洗涤；幽则千百劫沉沦狱报⑩，虽圣贤、佛、菩萨，不能援引⑪。乌得不畏？

【注释】

①一息尚存：只要还有一口气。表示到了生命的最后阶段。息，鼻

息，呼吸。

②弥天之恶：天大的罪恶。弥天，满天。形容罪行极大。

③一念猛厉：一下子能够幡然醒悟。一念，一念之间。指时间短暂，与下一句“百年”相对。《翻译名义集·时分篇》：“一念中有九十刹那。”猛厉，指悔改念头猛烈、决绝。

④涤：洗刷，清除。

⑤幽谷：幽暗的坑穴、洞穴。谷，坑，穴。《说文·谷部》：“谷，坑坎意也。”《周易·井卦》：“井谷射鲋。”一般注者把“谷”解释为山谷，似不确，一盏灯不可能照亮整个山谷。

⑥殒（yǔn）：死亡。

⑦一息不属（zhǔ）：一口气连接不上。指死亡。属，连接，连续。

⑧无由：无路，无路可走。形容没有办法了。由，通“迪”。道路。朱骏声《说文通训定声·孚部》：“由，叚借为迪。”

⑨明：指阳间，人世间。与下文的“幽”相对。

⑩幽：指阴间。劫：“劫波”的简称。古印度的一种时间单位，佛教沿用之。古印度称天地一成一毁为“一劫”，常用来形容很长的时间。沉沦狱报：受到沉陷于地狱的报应。

⑪援引：挽救，救助。关于“幽则千百劫沉沦狱报，虽圣贤、佛、菩萨，不能援引”，详见“评注”。

【译文】

还不仅仅如上所说。只要我们还有一口气，那么即便是犯下了弥天大罪，还是有悔改的机会；古时候有的人一生作恶多端，临死之前幡然悔悟，内心里产生了善念，于是就得到了善终。这就是说只要一瞬间有了强烈的悔改之心和行善念头，完全能够洗刷干净上百年来所犯下的罪恶。这就好比持续千年的幽暗洞穴，一盏灯刚刚点亮，那么持续千年的黑暗一下子就全部被消除了；因此过错无论是发生在很久以前还是最近，只要能够改正就值得赞扬。只是世事无常，生命易逝，一旦一口气上不来，想改正也没有机会了。那么在人世间，就会持续千年百年地背负着恶名，即便是孝子贤孙，也无法为你洗刷干净；在阴间，就会持续千年百劫地受到沉陷于地狱的报应，即便是圣贤、佛祖、菩萨，也无法救助你。怎么能够不敬畏呢？

【评注】

在世人眼中，佛法无边，任何事情都无法难倒佛祖，然而事实并非如此。按照佛教的说法，佛祖就没有办法掐断因果链。《五灯会元》卷二记载，嵩岳元珪禅师曾经谈到佛祖有三件做不到的事情：

> 佛能空一切相，成万法智，而不能即灭定业。佛能知群有性，穷亿劫事，而不能化导无缘。佛能度无量有情，而不能尽众生界。是为三不能也。

佛祖做不到的三件事情是：第一，不能掐断因果（不能“即灭定业”）；第二，不能化度无缘之人；第三，不能化度所有众生。连佛教信徒都认为法力无边的佛祖也不能掐断因果关系，可见因果律是一条铁的定律，谁也无法改变。关于因果问题，还有一个非常有名的“野狐禅”故事。

百丈山是江西的一座名山，唐代怀海禅师在此修行。当怀海禅师已经年迈、成为禅宗领袖时，手下弟子有四五百人，但他依然带头干农活：“师凡作务执劳（干农活），必先于众，主者（负责农活的僧人）不忍，密收作具而请息之。师曰：‘吾无德，争合（怎能）劳于人？’既遍求作具不获，而亦忘餐。故有‘一日不作，一日不食’之语流播寰宇矣。”（《五灯会元》卷三）“一日不作，一日不食”应该成为我们的座右铭。“野狐禅”的故事即出自怀海禅师：

> 师每上堂（上堂说法），有一老人随众听法。一日众退，唯老人不去。师问：“汝是何人？”老人曰：“某非人也。于过去迦叶佛（释迦牟尼佛之前的佛）时，曾住此山，因学人（学佛的人）问：‘大修行人还落因果也无？’某（我）对云：‘不落因果（不再有因果报应）。’遂五百生堕野狐身，今请和尚代一转语（不同的说法），贵脱野狐

身。”

师曰：“汝问。”老人曰：“大修行人还落因果也无？”师曰：“不昧（逃避）因果。”老人于言下大悟，作礼曰：“某已脱野狐身，住在山后。敢乞依亡僧津送（按照去世僧人的礼仪来为我送葬）。”

师令维那（负责寺庙事务的僧人）白椎（白色木杖，寺庙有事，负责人持白椎宣告）告众，食后送亡僧。大众聚议，一众皆安，涅槃堂（养病处）又无病人，何故如是？食后师领众至山后岩下，以杖挑出一死野狐，乃依法火葬。（《五灯会元》卷三）

那位老人因为讲了一句大修行人“不落因果”的错话，结果被罚做了五百世的野狐狸，后来因为懂得了谁也无法逃脱因果报应这一定律，于是脱离了野狐身。所以袁了凡告诫人们，一个人如果因做恶事而陷入地狱报应，即便是佛祖、菩萨也无法救助他。

第三，须发勇心。人不改过，多是因循退缩①；吾须奋然振作②，不用迟疑，不烦等待。小者如芒刺在肉③，速与抉剔④；大者如毒蛇啮指⑤，速与斩除，无丝毫凝滞⑥。此风雷之所以为益也⑦。

【注释】

①因循：因循旧习，不求进步。

②奋然：发奋的样子。

③小者：指小的错误。芒刺：小刺。芒，谷类种子壳上或草木上的针状物。如麦芒。

④抉剔（jué tī）：挑取出来。

⑤啮（niè）指：咬了手指。啮，咬。

⑥凝滞：迟疑，停滞。

⑦此风雷之所以为益也：这就是《周易·益卦》说的“改正错误才会有益处”。《周易·益卦·象》：“象曰：风雷，益。君子以见善则迁，有过则改。”风雷，代指《益卦》，因为《益卦》的卦象是上巽（☴），代表风；下震（☳），代表雷，故用“风雷”代表“益卦”。

【译文】

第三，要有勇敢之心。一个人之所以不愿改正错误，原因大多是因循旧习而畏难退缩；因此我们必须发奋振作起来，不能迟疑，不要等待。犯了小的错误，就好像芒刺扎进了肉里，要迅速拔掉；犯了大的错误，就好像被毒蛇咬了手指，要迅速砍掉这根手指，不可有丝毫迟疑。这就是《益卦》说的改正错误是有益处的。

具是三心，则有过斯改①，如春冰遇日，何患不消乎②？然人之过，有从事上改者，有从理上改者，有从心上改者。工夫不同，效验亦异。如前日杀生，今戒不杀；前日怒詈③，今戒不怒：此就其事而改之者也。强制于外④，其难百倍，且病根终在⑤，东灭西生⑥，非究竟廓然之道也⑦。

【注释】

①斯：就，马上。

②患：担心。消：消融，融化。

③詈（lì）：骂。

④强制于外：从外面对自己进行强制改错。

⑤病根：指藏于内心的犯错根源。

⑥东灭西生：消除了这边的错误，而那边的错误又出现了。

⑦非究竟廓（kuò）然之道也：这不是彻底根除过错的办法啊。究竟，彻底。廓然，干干净净没有任何错误的样子。廓，空。这里指

没有任何错误。道，原则，方法。

【译文】

具备了羞耻心、敬畏心、勇敢心这三种心，那么犯了过错就能立刻改正，这就好像春天的冰块遇到了阳光一样，为什么担心它不会消融呢？然而对于自己的错误，有的人从事情本身去改正，有的人从道理上去改正，有的人从心性上去改正。用来改正的功夫不同，其效果也不相同。比如前一天杀生，今天不再杀生了；前一天发怒骂人，今天不再发怒骂人了：这种情况就是从事情本身去改正。从外面强制自己去改正错误，就有百倍的难度，而且病根始终存在，改正了这个错误而那个错误又出现了，这不是彻底根除错误的办法。

善改过者，未禁其事①，先明其理。如过在杀生，即思曰：上帝好生，物皆恋命，杀彼养己，岂能自安？且彼之杀也，既受屠割，复入鼎镬②，种种痛苦，彻入骨髓③。己之养也，珍膏罗列④，食过即空；疏食菜羹⑤，尽可充腹，何必戕彼之生、损己之福哉⑥？又思血气之属⑦，皆含灵知，既有灵知，皆我一体⑧，纵不能躬修至德⑨，使之尊我亲我，岂可日戕物命，使之仇我憾我于无穷也⑩？一思及此，将有对食伤心⑪，不能下咽者矣。

【注释】

①未禁其事：在强制自己不做某件错事之前。事，这里指错误的事情。

②鼎镬（huò）：古代用来烹煮食物的两种大型青铜器。鼎，古代烹饪器物，多用青铜制成，一般为圆形、三足、两耳，也有方形、四足的。镬，古代的一种烹饪器物，也多用青铜制成，无足。

③彻：贯穿，深入。

④珍膏：珍贵的食物。膏，味美的食物。

⑤疏食：粗劣的食物，粗茶淡饭。疏，粗糙，粗劣。

⑥戕（qiāng）：伤害，杀害。

⑦血气之属：有血有肉的生物。属，种类。

⑧一体：同体，同类。

⑨躬修：自我修养。关于“躬修至德，使之尊我亲我”的例子，详见“评注一”。

⑩憾：怨恨。

⑪对食伤心：面对肉食而十分难过。详见“评注二”。

【译文】

善于改正错误的人，在强制自己不做某件错事之前，一定会想明白其中的道理。比如在犯杀生过错之前，就应该这样想：上帝爱护生灵，任何生灵也都会留恋自己的生命，杀死它们来供养自己，我们怎么能够安心呢？况且在杀死这些生灵的时候，它们既要受到利刀宰割，还会被放入大锅烹煮，种种痛苦，深入骨髓。我们在选择养活自己的食物时，即使是面前摆满了珍贵的佳肴美味，吃过之后也就一无所有了；粗茶淡饭、野菜羹汤，完全可以填饱肚子，那又何必去伤害生灵的生命、减损我们自己的福报呢？再想想那些有血有肉的生灵，它们都有灵性与知觉，既然有灵性与知觉，都应该属于我们的同类，我们纵然不能把自身的品德修养到至善至美，使它们尊重、亲近我们，又怎能天天去伤害它们的生命，使它们永远地仇视、痛恨我们呢？一旦想到这些，我们将会面对着肉食而深感难过，难以下咽了。

【评注】

一

古人认为，当一个人的品德修养到至善至美的境界，不仅能够得到人们的尊重，就连鸟兽也会欢迎他、亲近他。《庄子·山木》记载，孔子被陈、蔡军队围困数天之后，大公任去看望他，他指出孔子遭人讨厌的原因，要求孔子放弃对名利的追逐与对他人的苛求。孔子接受了大公任的教诲，接着的情景是：

（孔子）辞其交游，去其弟子，逃于大泽，衣裘褐，食杼栗，入兽不乱群，入鸟不乱行。鸟兽不恶，而况人乎！

孔子遵照大公任的教导，告别了朋友，离开了弟子，隐居于大泽之中，穿的是兽皮粗衣，吃的是杼栗野果，进入兽群而兽不会受惊乱跑，进入鸟群而鸟不会受惊飞散。连鸟兽都不讨厌他，更何况人呢！如果说孔子的事例还不够典型，且有庄子杜撰之嫌，那么我们看《南史·卢度列传》的记载：

始兴人卢度，字孝章，亦有道术。少随张永北侵魏，永败，魏人追急，阻淮水不得过。度心誓曰："若得免死，从今不复杀生。"须臾见两楯流来，接之得过。然后隐居庐陵西昌三顾山，鸟兽随之。夜有鹿触其壁，度曰："汝勿坏我壁。"鹿应声去。屋前有池养鱼，皆名呼之，次第来取食乃去。

卢度珍惜生命，爱护生灵，使得天上飞的鸟、地上跑的兽、水里游的鱼，都簇拥在他的身边，彼此成了好朋友。

二

因为想到鸟兽被杀的痛苦，然后将心比心，从此戒杀，这种事情在历史上很多，苏东坡就是典型的一例。苏东坡看了上文提到的《南史·卢度列传》后，结合自己的经历，写了一篇《书〈南史·卢度传〉》：

余少不喜杀生，然未能断也。近来始能不杀猪羊，然性嗜蟹蛤，故不免杀。自去年得罪下狱，始意不免，既而得脱，遂自此不复杀一物。……非有所求觊，但以亲经患难，不异鸡鸭之在庖厨，不忍复以口腹之故，使有生之类，受无量怖苦尔。

因"乌台诗案"，苏东坡差一点儿死在狱中，他就通过自己面临死亡时的恐惧和焦虑，联想到鸟兽面临死亡时的恐惧和焦虑，于是同情之心油然而生，从此戒杀，不再去戕害鸟兽的生命。

如前日好怒，必思曰：人有不及[1]，情所宜矜[2]；悖理相干[3]，于我何与[4]？本无可怒者[5]。又思天下无自是之豪杰[6]，亦无尤人之学问[7]；行有不得[8]，皆己之德未修，感未至也[9]。吾悉以自反[10]，则谤毁之来，皆磨炼玉成之地[11]；我将欢然受赐[12]，何怒之有？

【注释】

①不及：不足，做得不好的地方。

②宜矜（jīn）：应该同情。矜，怜悯，同情。

③悖理相干：别人违背情理前来冒犯自己。悖，违背。干，冒犯，冲犯。

④何与：有什么关系呢？与，参与，有关系。

⑤本无可怒者：本来也没有值得生气的地方。面对别人的无理取闹，为什么不生气，详见“评注一”。

⑥无自是之豪杰：没有自以为是的豪杰。豪杰都是谦虚谨慎的人。

⑦尤：指责，责备。

⑧行有不得：自己的行为没有得到别人的认可。

⑨感未至也：感化别人的魅力还不够。

⑩悉：全部，彻底。自反：自我反省。

⑪磨炼玉成之地：都是磨炼我们、帮助我们成功的环境与机会。玉成，爱护并帮助某人成功。地，环境，机会。

⑫受赐：接受这样的恩赐。袁了凡把困难视为别人恩赐给自己的锻炼机会，关于这一心态，详见“评注二”。

【译文】

比如以前喜欢生气，那就一定要这样想：别人的行为不当，我们更应该对他产生同情之心；别人违背常理前来冒犯自己，这与我又有多大关系呢？本来就没有值得生气的地方。还要想到天下没有自以为是的豪杰，也不存在总是责备别人的学问；自己的行为没有得到别人的认可，都是因为自己的品德还没有修养好，感化别人的魅力还不够。我们要进行彻底的自我反省，即便是别人诽谤我们，我们也要视之为磨炼我们、帮助我们成功的好机会；我们将会高高兴兴地接受这些恩赐，又有什么值得生气的呢？

【评注】

一

面对别人的无理取闹，为什么不生气？《孟子·离娄下》有一段话讲得特别好，可以作为袁了凡这段话的补充：

> 爱人者，人恒爱之；敬人者，人恒敬之。有人于此，其待我以横逆，则君子必自反也：我必不仁也，必无礼也，此物奚宜至哉？其自反而仁矣，自反而有礼矣，其横逆由是也，君子必自反也：我必不忠。自反而忠矣，其横逆由是也，君子曰："此亦妄人也已矣。如此则与禽兽奚择哉？于禽兽又何难焉？"

孟子说："爱护别人的人，别人也会爱护他；尊敬别人的人，别人也会尊敬他。如果有一个人，他对我蛮横无理，那么君子就会自我反省：一定是我不够仁义，不够有礼貌，不然别人怎么会如此蛮横无理地对待自己呢？通过反省，觉得自己还是仁义的，是有礼貌的，而此人依旧是那样的蛮横无理，君子就会进一步反省：自己待人一定还不够真诚。通过反省，自己待人还是很真诚的，而此人依旧还是那样蛮横无理，君子就会说：'此人是个无知妄为的人。这样的人与禽兽又有什么区别呢？对待禽兽又有什么值得责备的呢？'"以这样的态度对待那些蛮横无理的人，自己不仅不会、也无须生气了，而且还会对蛮横无理的人充满怜悯之心。

二

人生在世，"不如意事，十常八九"（辛弃疾《贺新郎·肘后俄生柳》）。当人们遇到困难与烦恼时，一般会有两种截然不同的态度，一种是怨天尤人，自感倒霉。这是世人的一种普遍心理。还有一种是把困难视为一次磨炼自己的好机会，发愤振作，在克服困难的同时增强自己的才干。

《史记·孔子世家》记载，孔子受邀到楚国去，而陈、蔡两国大夫认为，如果孔子被楚王重用，将会对自己不利，于是就发兵把孔子包围在旷野之中，断绝了他们的饮食。弟子们都饿得无法站立，而孔子照样“讲诵弦歌不衰”。我们看几位弟子对此事的不同态度：

> 子路愠见曰：“君子亦有穷（困窘）乎？”孔子曰：“君子固穷，小人穷斯滥矣。”
>
> 子贡曰：“夫子之道至大也，故天下莫能容夫子。夫子盖（何不）少贬焉？”
>
> 颜回曰：“夫子之道至大，故天下莫能容。虽然，夫子推而行之，不容何病？不容然后见君子！夫道之不修也，是吾丑也。夫道既已大修而不用，是有国者之丑也。不容何病，不容然后见君子！”孔子欣然而笑曰：“有是哉，颜氏之子！使尔多财，吾为尔宰。”

在困难面前，子路烦躁不安，有点生老师的气了。子贡虽没生气，但对老师的主张产生了怀疑，要求老师降低自己的“道”，以便能够被社会所容纳。只有颜回，把困难视为表现自己的一次大好机会：“不容何病，不容然后见君子！”这是何等的自信和气概！怪不得老师听了，竟然高兴得想去给他当管家。这三位弟子在困难面前的态度可以分为两类，子路和子贡可作为一类，把困难看作困难，而颜回属于一类，他把困难看作一种机会，一种难得的自我表现的机会。孔子对这次被困的评价更高，据《说苑·杂言》记载，在解围的第二天，孔子对弟子讲了这么一段话：

> 三折肱（胳膊）而成良医。夫陈、蔡之间，丘之幸也。二三子从丘者，皆幸人也。吾闻人君不困不成王，列士不困不成行。昔者，汤困于吕，文王困于羑里，秦穆公困于殽，齐桓困于长勺，句践困于会稽，晋文困于骊氏。夫困之为道，从寒之及暖，暖之及寒也。唯贤者独知，而难言之也。《易》曰：“困，亨，贞，大人吉。”

在孔子看来，九死一生的陈、蔡绝粮经历，是自己的一次幸遇，弟子们应该与自己一起为此而庆幸才对，因为这次遭遇是对自己与弟子们的一次磨炼，也是自己与弟子们成功的开始。宋代著名思想家张载在《西铭》中也说：

富贵福泽，将厚吾之生也；贫贱忧戚，庸玉汝于成也。

张载把贫贱忧戚等困苦看作是对自己成功的一种帮助。如果我们具备了孔子、张载这样的态度和精神，世界上还有什么无法翻越的险峰呢？

不仅世俗的圣贤如此看待困难，高僧也是如此。《五灯会元》卷十六记载，处州（今浙江丽水）灵泉山宗一禅师曾讲过这样一首偈语：

美玉藏顽石，莲花出淤泥。须知烦恼处，悟得即菩提。

菩提（佛教智慧）好比美玉和莲花，烦恼好比顽石和淤泥；没有顽石和淤泥，就不会有美玉和莲花；没有烦恼，就不会促使人悟得佛法。因为人处于烦恼之中时，就会想尽一切办法和理由来摆脱烦恼，一旦从思想上摆脱了烦恼，这个人也就获得了佛家智慧。因为智慧来自烦恼，所以高僧把它总结为“烦恼即菩提”（《古尊宿语录》卷三十四）。

最后，让我们用孟子的一段千古名言来自励：

故天将降大任于是人也，必先苦其心志，劳其筋骨，饿其体肤，空乏其身，行拂乱其所为，所以动心忍性，曾益其所不能。人恒过，然后能改；困于心，衡于虑，而后作；征于色，发于声，而后喻。入则无法家拂士，出则无敌国外患者，国恒亡。然后知生于忧患而死于安乐也。（《孟子·告子下》）

高山仰止，景行行止；虽不能至，然心乡往之。以这些圣贤、高僧为榜样，把十常八九的不如意事，转化为十常八九的锻炼机会，虽然我们未必能够成为圣贤，但“譬如平地，虽覆一篑（一筐土），进，吾往也。”（《论语·子罕》）只要我们日就月将，何愁登不上巅峰！

又闻谤而不怒，虽谗焰熏天[①]，如举火焚空[②]，终将自息[3];闻谤而怒,虽巧心力辩[4],如春蚕作茧,自取缠绵[5]。怒不惟无益,且有害也。其余种种过恶[6],皆当据理思之。此理既明,过将自止。

【注释】

①虽谗焰熏天:即使谗言如同熏天的火焰。虽,即使。谗,谗言,讲别人的坏话。这里具体指各种针对自己的谣言。

②焚空:焚烧天空。火焰烧不坏天空,比喻谣言对君子造不成任何损害。

③息:同"熄"。熄灭。

④巧心:智慧之心。

⑤缠绵:纠缠,烦恼。把"缠绵"理解为"束缚"亦通。关于对谣言不理不睬的例子,详见"评注"。

⑥其余种种过恶:指本文还没有提到的其他各种错误、过失。

【译文】

另外,听到别人的诽谤不要生气,即便这些谣言就像是熏天的火焰,那也不过像是点火燃烧天空一样,最终将会自己熄灭;如果听到别人的诽谤而生气,那么即便是用尽心中智慧去努力辩解,结果就像是春天的蚕那样作茧自缚,自取烦恼、纠缠。生气不仅毫无益处,而且还有许多害处。至于其他各种各样的过错,都应该依据道理去思考清楚。道理想明白了,各种各样的过错将会自然而然消失。

【评注】

袁了凡主张面对谣言时,要不理不睬,淡然处之,而这些谣言将会不攻自破;如果面对谣言极为恼怒,想尽一切办法进行反驳,结果反而会越抹越黑,给自己带来无尽的烦恼和无休止的人事纠缠。应该说,袁了凡对待谣言的处理方式,不失为明智之举。《汉书·直不疑传》记载:

直不疑,南阳人也。为郎,事文帝。其同舍有告归,误持其同舍郎金去。已而同舍郎觉，亡意不疑，不疑谢有之，买金偿。后告归者至而归金，亡金郎大惭，以此称为长者。稍迁至中大夫。朝，廷见，人或毁不疑曰："不疑状貌甚美，然特毋奈其善盗嫂何也！"不疑闻，曰："我乃无兄。"然终不自明也。（《汉书·直不疑传》）

南阳（今河南南阳）人直不疑在做郎（官名）的时候，同宿舍的一位同事回家探亲，误拿了另一位同事的金钱。丢钱的同事就怀疑是直不疑偷去了。直不疑也不辩解，如数给钱。回家探亲者来了以后，把误拿的金钱送还丢钱的同事，丢钱者极为惭愧。从此直不疑被人称为长者。后来直不疑的官职越做越大，竟然有人诽谤直不疑与嫂嫂有私情，直不疑也不找此人争辩，只是淡淡地申明："我没有兄长。"这种情况并非个例，东汉第五伦也做到了这一点。当时有人诽谤第五伦曾经殴打过自己的岳父，第五伦也不去争辩，只是在汉光武帝刘秀亲自向他询问此事时，第五伦才回答说："臣三娶妻皆无父。"（《后汉书·第五伦列传》）

正是因为直不疑与第五伦具有如此度量，最后都位居三公（直不疑任御史大夫，又叫大司空，并封侯；第五伦任大司空）；直不疑的享年没有记载，而第五伦享年八十多岁。面对诽谤，淡然处之，不去自寻烦恼，不仅有利于自己的仕途，更有利于自己的健康。

何谓从心而改？过有千端①，惟心所造；吾心不动，过安从生②？学者于好色、好名、好货、好怒种种诸过③，不必逐类寻求，但当一心为善④，正念现前，邪念自然污染不上，如太阳当空，魍魉潜消⑤，此"精一"之真传也⑥。过由心造，亦由心改，如斩毒树，直断其根，奚必枝枝而伐、叶叶而摘哉？

【注释】

①千端：千万种事情。端，事端，事情。这里指错误的事情。

②安从生：从哪里产生？安，如何，怎么。

③学者：学习的人，修养品德的人。

④但当：只要。但，只，仅仅。

⑤魍魉（wǎng liǎng）潜消：各种妖魔鬼怪就会悄无声息地消失了。魍魉，传说中的山川精怪。这里泛指各种鬼怪，比喻各种过失。

⑥此"精一"之真传也：这就是"做人要精诚专一"的真传啊。精一，精诚专一。《尚书·大禹谟》："人心惟危，道心惟微；惟精惟一，允执厥中。"意思是："人心动荡不安，道心精微难明；要做到精诚专一，切实施行中庸之道。"宋明理学认为这十六个字是由圣人一脉相传的道统心法。

【译文】

什么叫从心性上改正呢？错误有成千上万种，但都是产生于内心；如果我们心里没有产生错误的念头，错误行为又如何能够发生呢？修学的人对于好色、好名、好财、好怒等各种各样的错误，不必一件一件地去寻求改正的方法，只要一心一意地去做善事，正确的思想就会出现在眼前，各种邪念自然也就无法污染你的内心。这就好比太阳一旦升上天空，各种妖魔鬼怪就会悄然消失一样，这就是"做人要精诚专一"的真传啊。错误是由内心造成的，也要从内心里去改正，就好比想要斩断毒树，只需直接砍断它的树根即可，又何必一根树枝一根树枝地去砍伐、一片叶子一片叶子地去摘除呢？

大抵最上者治心①，当下清净；才动即觉②，觉之即无；苟未能然③，须明理以遣之④；又未能然，须随事以禁之。以上事而兼行下功⑤，未为失策；执下而昧上⑥，则拙矣。

【注释】

①大抵：大体上看，一般来看。最上者：最好的办法。

②才动即觉：错误的念头刚刚萌生就能够察觉。动，指邪念萌动。

③苟未能然：如果做不到这一点。苟，如果。然，代词。代指“最上者治心”。

④遣之：消除这些错误念头。遣，送走，消除。

⑤上事：最好的事情，最好的做法。具体指上文说的“治心”。下功：下等的功夫。具体指上文说的“随事以禁之”。

⑥执下而昧上：只做下等的功夫而不明白最好的方法。昧，不明白。

【译文】

一般来说，最好的方法就是修养心性，这样就能够很快进入清净的境界；邪念刚刚萌动就会察觉，一旦察觉就会马上消除这些邪念；如果做不到这一点，就要靠想清楚道理后再去消除这些邪念；如果这一点也无法做到，就必须根据具体错误去纠正它。在采用最好的修心方法的同时，再加上做一些纠正具体错误的下等功夫，这不算是失策；如果只做一些下等功夫而不明白最好的方法，那就是愚昧无知了。

顾发愿改过①，明须良朋提醒②，幽须鬼神证明③。一心忏悔，昼夜不懈，经一七、二七④，以至一月、二月、三月，必有效验。或觉心神恬旷⑤；或觉智慧顿开⑥；或处冗沓而触念皆通⑦；或遇怨仇而回嗔作喜⑧；或梦吐黑物⑨；或梦往圣先贤，提携接引⑩；或梦飞步太虚⑪；或梦幢幡宝盖⑫。种种胜事⑬，皆过消罪灭之象也。然不得执此自高⑭，画而不进⑮。

【注释】

①顾：表示轻微的转折，相当于“不过”“只是”。发愿：发誓，立志。

②明：明处。

③幽：暗处。证明：批评指正。证，进谏，批评。明，指明真伪对错。

④一七、二七：一个七天、两个七天。

⑤或：有时候。理解为“有的人”亦通。心神恬旷：心旷神怡。恬，安逸，舒适。

⑥智慧顿开：突然有了智慧。也即茅塞顿开。顿，突然。

⑦处冗沓（rǒng tà）：身处繁杂事务之中。冗，繁忙。沓，纷乱。触念皆通：灵机一动而一通百通。念，念头，灵机。

⑧回嗔（chēn）作喜：转怒为喜。回，转变。嗔，发怒，生气。

⑨黑物：黑色的秽物。暗指各种错误。

⑩提携：牵扶，扶持。一般指长者对后辈的牵扶。后来引申为提拔、帮助。接引：接待，引进。后来佛教称佛祖引导众生进入西方净土为接引。

⑪飞步太虚：翱翔于天空。太虚，天空。

⑫幢幡（chuáng fān）：旌旗之类。用于仪仗或军事指挥。这里指佛教、道教所用的旌旗，建于佛寺或道场之前。宝盖：佛、道或帝王用于仪仗的伞盖。

⑬胜事：盛事，美好的事情。

⑭执此自高：据此而自傲。执此，凭借这些。

⑮画而不进：自己画一个界限而不再前进。《论语·雍也》：“冉求曰：‘非不说子之道，力不足也。’子曰：‘力不足者，中道而废。今女画。’”冉求对孔子说：“不是我不喜欢您的主张，是我的力量不足以实行啊。”孔子回答：“力量不足的人，是走到半道走不动了，而你现在是为自己事先画了个界限不再前进了。”

【译文】

不过要想立志改正错误，在明处还需要良朋好友的督促提醒，在暗处还需要鬼神的批评指导。一心一意忏悔改过，无论白天夜晚一刻也不能懈怠，经过一个七天、两个七天，以至于一个月、两个月、三个月，一定会有效果。有时候会感到心旷神怡；有时候会感到智慧陡增；有时候身处繁杂事务之中，忽然灵机一动而一通百通；有时候遇到仇人会转怒为喜；有时候会梦见口吐黑色秽物；有时候会梦见从前的圣贤，对自己进行牵扶、接待；有时候会梦见在天上翱翔；有时候会梦见各种旌旗、宝盖。这些各种各样的喜庆梦境，都是我们罪过消除的征兆。然而不能据此而自傲，更不能故步自封而不再进步。

昔蘧伯玉当二十岁时①，已觉前日之非而尽改之矣。至二十一岁，乃知前之所改，未尽也；及二十二岁，回视二十一岁，犹在梦中。岁复一岁，递递改之②。行年五十③，而犹知四十九年之非。古人改过之学如此。

【注释】

①蘧（qú）伯玉：人名。春秋时卫国贤人。关于蘧伯玉及其改过事迹，详见“评注”。

②递递：一步一步地。

③行年五十：将近五十岁时。行，将近。

【译文】

从前，蘧伯玉在二十岁的时候，就已经察觉以前的错误而予以彻底改正。到了二十一岁时，这才知道之前所改正的错误，还不够彻底；到了二十二岁时，再回顾二十一岁时的生活，就觉得那时好像是生活在梦中一样糊涂。如此年复一年，一步一步地改正自己的错误。到了他将近五十岁时，依然在反省过去四十九年中所犯的过错。古人就是这样修学改过的。

【评注】

蘧伯玉名瑗，春秋时期卫国贤臣。孔子游历卫国时，曾住在蘧伯玉家中。关于他善于改过的情况，《论语·宪问》就有记载：

> 蘧伯玉使人于孔子，孔子与之坐而问焉，曰："夫子何为？"对曰："夫子欲寡其过而未能也。"

蘧伯玉派使者到孔子那里，孔子便与使者坐在一起而询问说："蘧伯玉先生现在做些什么？"使者回答说："蘧伯玉先生一直希望减少自己的错误但还没能做到这一点。"可见，蘧伯玉当时就是以善于改过而著称的。关于这一点，《庄子·则阳》还有一个更为生动的说法：

> 蘧伯玉行年六十而六十化，未尝不始于是之而卒诎之以非也，未知今之所谓是之非五十九非也。

这段话的意思是说："蘧伯玉活到六十岁，六十年来他对事物的认识一直处于变化之中，未尝不是开始认为某件事情是正确的，而最终又认为它错了而加以批评，我们不知道他如今所肯定的事情，就不是他五十九岁时所否定的事情。"由此可见，蘧伯玉是在不断地自我否定中寻求进步。

蘧伯玉如此贤良，并未得到卫灵公的重用，以至于卫国的另一位贤大夫史鱼不得不用尸谏的方式举荐他。《韩诗外传》卷七记载：

> 昔者，卫大夫史鱼病且死，谓其子曰："我数言蘧伯玉之贤而不能进，弥子瑕不肖而不能退。为人臣生不能进贤而退不肖，死不当治丧正堂，殡我于室足矣。"卫君问其故，其子以父言闻，君造然召蘧伯玉而贵之，而退弥子瑕，徙殡于正堂，成礼而后去。

史鱼去世前对儿子说："我生前不能举荐贤人蘧伯玉，也不能罢黜佞臣弥子瑕，死后就不应该把我的遗体放在正堂里治丧，能够放在卧室里，我就心满意足了。"当卫灵公得知此事后，深受感动，这才重用蘧伯玉。《韩诗外传》卷二对蘧伯玉有一个整体评价：

> 外宽而内直，自设于隐括（比喻法律、制度）之中，直己而不直人，善废而不悒悒，蘧伯玉之行也。故为人父者则愿以为子，为人子者则愿以为父，为人君者则愿以为臣，为人臣者则愿以为君。名昭诸侯，天下愿焉。

蘧伯玉内方外圆，待人宽容，对己严格，他心胸豁达，人见人爱，真是一位温文尔雅的君子。

最后要说明的是,《庄子》只说“蘧伯玉行年六十而六十化……”,而袁了凡则说蘧伯玉从二十岁的时候就开始了类似的改过行为。出现这种差异可能有两种原因,一是袁了凡误记了《庄子》原文,二是袁了凡另有所据,因为他看到的史料,很可能比我们看到的多。

吾辈身为凡流,过恶猬集①,而回思往事,常若不见其有过者,心粗而眼翳也②。然人之过恶深重者,亦有效验:或心神昏塞③,转头即忘;或无事而常烦恼;或见君子而赧然消沮④;或闻正论而不乐;或施惠而人反怨;或夜梦颠倒,甚则妄言失志⑤。皆作孽之相也⑥。苟一类此⑦,即须奋发,舍旧图新,幸勿自误⑧。

【注释】

①猬集:比喻错误很多,就像刺猬的硬刺一样聚集在一起。

②眼翳(yì):眼睛被蒙蔽。翳,眼睛上长的膜。这里比喻眼睛被外物所蒙蔽。

③塞:闭塞不通,不开窍。

④赧(nǎn)然:因羞愧而脸红的样子。消沮:消沉沮丧。

⑤妄言:胡言乱语。失志:神志不清。把“失志”解释为丧失记忆,亦通。

⑥作孽:造罪,作恶。孽,罪恶。相:模样,表现。

⑦苟一类此:如果一旦有类似情况。苟,如果。

⑧幸:希望。

【译文】

我们这些人都是凡夫俗子,所犯的过错就像刺猬的硬刺一样极为繁多，然而我们在回顾往事的时候，又往往似乎看不到自己的过错，其原因就是我们太粗心大意了，双眼被蒙蔽了。然而那些罪恶深重的人，也有效验：他们有时候心神昏聩闭塞，转眼就忘了事情；有时候没有事情也会经常烦恼；有时候看见君子就会羞愧满面、消沉沮丧；有时候一听到正确言论就不高兴；有时候施惠于别人反而遭到别人的怨恨；有时候晚上会梦见一些颠三倒四的事情，严重时还会胡言乱语、神志不清。这些都是作恶多端的表现啊。一旦发现自己有类似状况，必须立即发愤图强，改正过去的错误行为，争取重新做人，希望大家千万不要耽误了自己的前程。

第三篇　积善之方

【题解】

积善之方，积累美德、善行的方法。本篇首先用孔子、舜的故事引出"积善之家，必有余庆"这一道理，接着用十件事实进一步对这一道理予以印证。为了避免行善时出现偏差，袁了凡接着辨析了行善的真与假、端与曲、阴与阳、是与非、偏与正、半与满、大与小、难与易等问题。为了指导人们行善，袁了凡又列举了与人为善、爱敬存心、成人之美、劝人为善、救人危急、兴建大利、舍财作福、护持正法、敬重尊长、爱惜物命这十类具体的行善内容。全篇在开篇立论的基础上，然后层层展开，步步深入，具有严密的逻辑性与极强的说服力。

《易》曰："积善之家，必有余庆①。"昔颜氏将以女妻叔梁纥②，而历叙其祖宗积德之长，逆知其子孙必有兴者③。孔子称舜之大孝④，曰："宗庙飨之⑤，子孙保之⑥。"皆至论也⑦。试以往事征之⑧。

【注释】

①积善之家，必有余庆：不断积累善行的人家，一定会获取很多的福祉。余，丰足，很多。庆，喜庆之事，福祉。《周易·坤卦·文言》：

“积善之家，必有余庆；积不善之家，必有余殃。”

②昔颜氏将以女妻（qì）叔梁纥（hé）：从前，颜家将要把女儿嫁给叔梁纥的时候。女，指颜徵在。妻，以女嫁人。叔梁纥（前？—前554），子姓，孔氏，名纥，字叔梁。春秋时期鲁国大夫，孔子的父亲。

③逆知：预知，预料。关于叔梁纥娶颜徵在的情况，详见“评注一”。

④称舜之大孝：称赞舜是一位大孝之人。舜，传说中的帝王。关于舜的孝行，详见“评注二”。

⑤宗庙飨（xiǎng）之：在宗庙里祭祀他。宗庙，天子或诸侯祭祀祖先的场所。飨，祭祀。

⑥保：保护、祭祀。按，孔子的这两句话出自《礼记·中庸》：“子曰：‘舜其大孝也与！德为圣人，尊为天子，富有四海之内。宗庙飨之，子孙保之。’”

⑦至论：至理名言。

⑧征：验证，证明。

【译文】

《周易》说：“不断积累善行的人家，一定会获取很多的福祉。”从前颜家将要把女儿嫁给叔梁纥的时候，就一条一条地列举了叔梁纥家祖祖辈辈积累下来的德行，预知他们的子孙中一定能够出现非凡的人物。孔子称赞舜是一位大孝之人，说：“他在宗庙里享受着人们的祭祀，子孙也会世世代代地保护、祭祀他。”这些都是至理名言啊。我下面就试着用一些往事来证明这一点。

【评注】

一

关于叔梁纥与颜徵在的婚姻，《史记·孔子世家》记载得比较简单：“纥与颜氏女野合而生孔子。”《孔子家语·本姓解》对二人的婚姻情况有一个比较详细的介绍：

（叔梁纥）虽有九女而无子。其妾生孟皮，孟皮一字伯尼，有足

> 病。于是乃求婚于颜氏。颜氏有三女，其小曰徵在。颜父问三女曰："陬大夫（指叔梁纥，他在陬地做官）虽父祖为士，然其先圣王之裔。今其人身长十尺，武力绝伦，吾甚贪之。虽年长性严，不足为疑。三子孰能为之妻？"二女莫对，徵在进曰："从父所制，将何问焉？"父曰："即尔能矣。"遂以妻之。

叔梁纥的夫人一连为他生了九个女儿，他的妾虽然为他生了一个儿子，可惜是位腿脚有病的残疾人。于是在叔梁纥六七十岁时，又向颜家求婚。颜家当时有三个女儿待嫁，颜父就对女儿讲了叔梁纥的出身（叔梁纥是圣王商汤的后裔）以及叔梁纥本人的优点，希望以此来说服女儿。最后是小女儿颜徵在表示愿意嫁给叔梁纥，后生孔子。至于《史记》说的二人"野合"，古人有两种解释：第一，古人认为男子超过六十四岁就不应该再结婚了，而叔梁纥与颜徵在结婚时已经超过了六十四岁，不符合古代的婚姻礼仪制度，不符合礼制的做法，就叫"野"，而不符合礼制的男女结合自然就是"野合"了。第二，认为"野合"的意思是说二人属于非正式婚姻，也即今天讲的婚外情。

二

舜是大孝子，被摆在古代二十四孝之首。《史记·五帝本纪》记载：

> 舜父瞽叟盲，而舜母死。瞽叟更娶妻而生象，象傲。瞽叟爱后妻子，常欲杀舜，舜避逃。及有小过，则受罪。顺事父及后母与弟，日以笃谨，匪有懈。……舜父瞽叟顽，母嚚，弟象傲，皆欲杀舜。舜顺适不失子道，兄弟孝慈。欲杀，不可得；即求，尝在侧。

《史记》说："舜的父亲瞽叟是个盲人，舜的生母死后，瞽叟又娶了一个妻子，生下了象，象桀骜不驯。瞽叟喜欢后妻的儿子，常常想把舜杀掉，舜都躲过了；舜如果有点小错儿，就接受父亲的惩罚。舜很恭顺地侍奉父亲、后母及后母弟，一天比一天地更加忠诚谨慎，没有一点懈怠。……舜的父亲瞽叟愚昧贪婪，后母愚顽奸诈，弟弟象桀骜不驯，他们都想杀掉舜。舜却恭顺做事而从不违背为子之道，友爱兄弟，孝顺父母。他们想杀掉他的时候，就找不到他；而有事要找他的时候，他又总是在身旁侍候着。”

关于“欲杀，不可得；即求，尝在侧”，我们仅举《史记·五帝本纪》记载的一件事：“瞽叟尚复欲杀之，使舜上涂廪，瞽叟从下纵火焚廪。舜乃以两笠自扞而下，去，得不死。”有一天瞽叟让舜去修缮谷仓顶，舜上去以后，瞽叟就在下面放火烧这个谷仓，而舜手握两顶斗笠从谷仓顶上跳了下来，既没有摔伤也没有烧伤。这两顶斗笠可以看作中国最早的“降落伞”。

杨少师荣①，建宁人②，世以济渡为生③。久雨溪涨，横流冲毁民居，溺死者顺流而下，他舟皆捞取货物④，独少师曾祖及祖，惟救人，而货物一无所取，乡人嗤其愚⑤。逮少师父生⑥，家渐裕。有神人化为道者⑦，语之曰：“汝祖、父有阴功⑧，子孙当贵显，宜葬某地。”遂依其所指而窆之⑦，即今白兔坟也。后生少师，弱冠登第⑧，位至三公⑨，加曾祖、祖、父如其官⑩。子孙贵盛，至今尚多贤者。

【注释】

①杨少师荣：即明初政治家杨荣（1371—1440），初名子荣，后改名为荣，字勉仁。福建建宁府建安（今福建建瓯）人。建文二年（1400）进士，先后任翰林院编修、文渊阁大学士。明英宗即位后，与杨士奇等人同心辅佐。正统三年（1438）授少师。少师，官名。《明史·职官志一》：“太师、太傅、太保为三公（正一品）；少师、少傅、少保为三孤（从一品），掌佐天子理阴阳，经邦弘化，其职至重。”

②建宁：地名。在今福建建瓯。

③济渡：摆渡。

④他舟：其他船上的人。

⑤嗤（chī）：嘲笑。

⑥逮：及，到了。

⑦道者：道士。在古代，“道者”既可指道士，也可指僧人。

⑧祖、父：祖父与父亲。阴功：阴德。

⑦窆（biǎn）：下葬，埋葬。

⑧弱冠：古时男子二十岁称弱冠。古代男子二十岁时行加冠礼，以示成年，但此时身体还不够强壮，故称“弱冠”。后来泛指男子二十岁左右的年纪。登第：考中进士。

⑨三公：朝廷中三位官职最高的官员。各朝代所指不同，明代为太师、太傅、太保。而杨荣为少师，属“三孤”之一，三孤为三公之副。

⑩加曾祖、祖、父如其官：按照杨荣的官阶为其曾祖父、祖父、父亲追赠了官爵。古代礼制，朝廷推恩于重臣，把官爵授予本人父母，早期仅限于父母，明清时代，可追赠至曾祖、祖、父三代。

【译文】

有一位官至少师的人叫杨荣，他是建宁人，其先祖世世代代以摆渡为生。有一次因为长期下雨，河水猛涨，洪水冲毁了民房，淹死的人顺着水流被冲了下去，其他船上的人都忙着捞取货物，唯有杨荣的曾祖与祖父，只管救人，而对货物一无所取，同乡人都嘲笑他们傻。到了杨荣的父亲出生后，杨家渐渐富裕起来。有位神人化身为道士，对他说：“你祖父与父亲积累了阴德，所以子孙中将来能够出现显贵之人，应该把你祖父与父亲安葬于某某地方。”于是杨家就依照道士所指的地方安葬了祖父与父亲，也就是今天人们所说的白兔坟。后来生下了杨荣，杨荣二十岁左右考中进士，位至三公，朝廷按照杨荣的官阶，为其曾祖父、祖父和父亲追赠了官爵。杨家的子孙都很兴旺显贵，至今还有许多德才兼备的人。

鄞人杨自惩[①]，初为县吏[②]，存心仁厚，守法公平。时县宰严肃[③]，偶挞一囚[④]，血流满前，而怒犹未息，杨跪而宽解之。宰曰："怎奈此人越法悖理，不由人不怒。"自惩叩首曰："'上失其道[⑤]，民散久矣[⑥]。如得其情[⑦]，哀矜勿喜[⑧]。'喜且不可，而况怒乎？"宰为之霁颜[⑨]。家甚贫，馈遗一无所取[⑩]。遇囚人乏粮，常多方以济之。一日，有新囚数人待哺[⑪]，家又缺米，给囚则家人无食，自顾则囚人堪悯[⑫]。与其妇商之。妇曰："囚从何来？"曰："自杭而来[⑬]。沿路忍饥，菜色可掬[⑭]。"因撤己之米，煮粥以食囚[⑮]。后生二子，长曰守陈[⑯]，次曰守阯[⑰]，为南北吏部侍郎[⑱]。长孙为刑部侍郎[⑲]，次孙为四川廉宪[⑳]，又俱为名臣。今楚亭德政[㉑]，亦其裔也。

【注释】

①鄞（yín）：地名。在今浙江宁波鄞州区。

②吏：早期指官阶较低的官员。明清时期，则称各府衙里没有俸禄而供事于官府的人为"吏"。

③县宰：县令，县长。严肃：严厉。

④挞（tà）：用鞭、棍等打人。

⑤上失其道：执政者没有按照正确原则治理国家。上，执政者。道，正确原则。

⑥散：离心离德。

⑦其：代指犯罪者。情：真实案情。

⑧哀矜：怜悯，同情。按，以上四句见《论语·子张》："曾子曰：'上失其道，民散久矣。如得其情，则哀矜而勿喜。'"杨自惩引用圣贤曾子的话去劝谏自己的上级，是明智之举。详见"评注"。

⑨霁（jì）颜：不再生气而变得和颜悦色。霁，本指雨过天晴，这里比

喻怒气消散。颜，表情。

⑩馈遗（wèi）：馈赠。遗，赠送。

⑪待哺（bǔ）：等着粮食吃饭。哺，喂食，吃。

⑫自顾：只顾自己。堪悯：值得怜悯。堪，值得。

⑬杭：杭州。今浙江杭州。

⑭菜色可掬：面黄肌瘦。菜色，形容因饥饿而营养不良的脸色。可掬，可以用手捧住，形容某种情状特别明显。

⑮食（sì）：拿食物给别人吃。

⑯守陈：即杨守陈（1425—1489），字维新。景泰二年（1451）进士，先后任编修、侍讲学士、吏部右侍郎等职。

⑰守阯：即杨守阯（1436—1512），字维立，杨守陈的弟弟。成化十四年（1478）进士。先后任编修、侍讲学士、南京吏部右侍郎等职。

⑱南北：指南京与北京。明成祖迁都北京后，南京则为陪都。吏部侍郎：为吏部副长官。

⑲长孙：即杨茂元（1450—1516），字志仁，号麟洲。成化十一年（1475）进士，先后任刑部主事、安庆知府、广西右参政、右副都御史、刑部右侍郎等职。刑部侍郎：官名。刑部的副长官。

⑳次孙：即杨茂仁，字志道。成化二十三年（1487）进士，先后任刑部郎中、四川按察使。四川：即今四川。廉宪：官名。即提刑按察使，为一省司法长官。

㉑楚亭德政：即杨德政。字叔向，号楚亭。正德十二年（1517）进士，先后任编修、福建按察使等职。

【译文】

鄞县人杨自惩，最初在县衙里当县吏，他心地善良，遵纪守法公平无私。当时的县令十分严厉，有一次偶然鞭打一名囚犯，囚犯已经被打得满身是血，而县令的怒气依然难以消除，杨自惩就跪在县令面前为囚犯求情。县令说："这个囚犯如此触犯法律、违背天理，不能不让人生气。"

杨自惩叩头说:“(曾子说:)‘执政者没有按照正确的原则治理国家,百姓很早就离心离德了。你如果查清楚了犯罪者的真实案情,要怜悯他们而不可为此沾沾自喜。’高兴尚且不可以,更何况发怒呢?”县令听后,表情马上缓和下来了。杨自惩家里非常贫困,但别人馈赠的礼物一概不予接受。遇到囚犯缺粮时,他经常想方设法予以救助。有一天,有几名新来的囚犯没有饭吃,杨自惩自己家里也缺粮食,如果把家里仅有的一点粮食给了囚犯,自己家里人就没有饭吃,如果只管自家而这几名囚犯又确实可怜。杨自惩就与妻子商量此事。妻子问:“这些囚犯是从哪里来的?”杨自惩回答说:“是从杭州来的。他们一路上忍饥挨饿,已经是面黄肌瘦了。”于是他们就拿出自己家里的米,煮了一些稀饭给囚犯吃。后来杨自惩生了两个儿子,长子叫杨守陈,次子叫杨守阯,分别担任了南京吏部和北京吏部的侍郎。长孙则当了刑部侍郎,次孙当了四川的廉宪,都成为一代名臣。如今自号楚亭的杨德政,也是他的后裔。

【评注】

杨自惩在劝告县令不要再鞭打囚犯时,引用了孔子弟子曾子的话,这一做法是非常明智的。远在先秦时期的庄子,就曾提出借用圣贤语言去劝谏上司这一技巧,《庄子·人间世》说:“成而上比者,与古为徒。其言虽教谪之实也,古之有也,非吾有也。若然者,虽直而不病,是之谓与古为徒。”意思是:在批评上司时,不要直接用自己的话去讲,而是针对上司的错误,引用古代圣贤的话去批评,这样,既达到了批评的目的,又使被批评的上司相对容易接受一些,因为那是古代圣贤讲的,不是自己讲的。

曾子是孔子的得意弟子之一,还被后人尊为“宗圣”,可以厕身于圣贤之列。杨自惩引用曾子的话去劝告县令,既可以使县令无法为自己辩解,同时也能够使县令较为容易地接受这一劝告,因为他接受的是圣贤的教诲,而不是一介下吏的指责。

昔正统间[①]，邓茂七倡乱于福建[②]，士民从贼者甚众[③]。朝廷起鄞县张都宪楷南征[④]，以计擒贼。后委布政司谢都事搜杀东路贼党[⑤]。谢求贼中党附册籍[⑥]，凡不附贼者，密授以白布小旗，约兵至日插旗门首[⑦]，戒军兵无妄杀，全活万人。后谢之子迁[⑧]，中状元[⑨]，为宰辅[⑩]；孙丕[⑪]，复中探花。

【注释】

①正统：明英宗朱祁镇的年号，1436—1449年。

②邓茂七：邓茂七（？—1449）原名邓云。江西人，后迁居福建沙县（今福建沙县）。正统十二年（1447）邓茂七起兵反明，自号“铲平王”，正统十四年（1449），兵败被杀。倡乱：带头作乱。福建：即今福建。

③士：读书人。

④起：起用，任命。张都宪楷：即张楷（1399—1460），宁波慈溪（今浙江慈溪）人。永乐二十二年（1424）进士。先后任江西道监察御史、陕西按察佥事、副使、都察院右佥都御史。正统十四年（1449）受命平定邓茂七之乱。都宪：官名。都御史的别称。明代设都察院，负责监察百官，处理重大案件。都察院的长官为左右都御史二人，左右副都御史二人，左右佥都御史四人。南征：因福建地处南方，故称讨伐福建邓茂七叛乱为南征。

⑤委：委任，任命。布政司：明代地方行政机构。明太祖朱元璋改行中书省为承宣布政使司，简称布政司。除两京外，定全国为十三布政司。每司设左、右布政使各一人，另有左右参政、参议、都事等官。布政使掌一省之政，为一省最高行政长官。都事：官名。为布政司的属官。

⑤东路贼党：东边的叛贼。

⑥党附册籍：参与叛乱者的名册。党，结党。附，依附。

⑦门首：门的上面。

⑧谢之子迁：谢都事的儿子谢迁（1450—1531），《明史·谢迁列传》："谢迁，字于乔，余姚人。成化十年（1474）乡试第一。明年举进士，复第一。授修撰，累迁左庶子。"谢迁先后任左庶子、侍讲学士、兵部尚书兼东阁大学士，加少傅兼太子太傅。

⑨状元：殿试的第一名。谢迁为明宪宗成化十一年（1475）状元。殿试是明代科举的最后一级考试，在会试后的一个月即三月举行。殿试由皇帝亲自主持，分考生为三甲（三个等级），一甲只有三人：状元、榜眼、探花，赐进士及第；二甲若干人，赐进士出身；三甲若干名，赐同进士出身。这三甲统称为"进士"。唐宋时期，进士分为甲、乙两科；到了明清两代，统称进士为甲科，举人为乙科。

⑩宰辅：辅佐皇帝的大臣，类似于宰相。

⑪孙丕：谢都事的孙子谢丕（1482—1556），字以中，号汝湖。弘治十八年（1505）进士第三人，也即探花。先后任编修、吏部左侍郎，卒后赠礼部尚书。

【译文】

从前正统年间，邓茂七在福建带头起兵造反，读书人与普通百姓参加叛乱的很多。朝廷起用鄞县人张楷都宪率兵去南方福建平叛，张楷使用计谋擒杀了叛贼邓茂七。后来又委派布政司的谢都事去搜捕、斩杀东边的贼党。谢都事在叛贼那里搜查到了参与叛乱人的名册，凡是没有参与叛乱的人，他都秘密授予一面白布小旗，约定在明军到达的那一天，把这面小白旗插在门的上面，然后命令明军士兵不许滥杀无辜，这一措施拯救了成千上万人的性命。后来谢都事的儿子谢迁考中了状元，成为辅佐皇帝的重臣；谢都事的孙子叫谢丕，后来也考中了探花。

莆田林氏①，先世有老母好善，常作粉团施人②，求取即与之，无倦色。一仙化为道人[3]，每旦索食六七团[4]。母日日与之，终三年如一日，乃知其诚也，因谓之曰："吾食汝三年粉团，何以报汝？府后有一地[5]，葬之，子孙官爵，有一升麻子之数[6]。"其子依所点葬之[7]，初世即有九人登第[8]，累代簪缨甚盛[9]。福建有"无林不开榜"之谣。

【注释】

①莆田：地名。在今福建莆田。

②粉团：食品名。又叫麻蛋，用米粉制成，外面粘上芝麻，置油中炸熟。

③道人：道士。也可指僧人。六朝时期，"道人"是僧人的别称，后来也多称僧人为道人，有时又指道士。

④每旦：每天早上。旦，早上。索：索要。

⑤府后：指林家的后面。府，对林家住宅的美称。

⑥一升：容量单位，十合等于一升，十升等于一斗。麻子：苎麻、亚麻、芝麻等植物的籽实。这里应指芝麻。

⑦所点：所指点的地方。

⑧初世：第一代后人。

⑨簪（zān）缨：古代官员的冠饰，代指官爵。簪，把帽子别在头发上的一种针形的首饰。缨，系在颏下的帽带。

【译文】

莆田的林家，先辈中有一位老太太乐善好施，经常做粉团施舍给别人，人们只要去要，她就会给，没有丝毫厌倦的样子。有位神仙化身为道士，每天早上向她索要六七个粉团吃。老太太天天都给，整整三年如一日，这位神仙终于知道她的行善是出于诚心。于是就对老太太说："我吃了你三年的粉团，用什么来报答你呢？你们家后面有一块地方，去世后安葬在那里，子孙后代当官的人，会有一升芝麻子的数量那么多。"她儿子就按照神仙的指点把去世后的老太太安葬在那里，林家的第一代后人就有九位考中科举，后来世世代代做大官的人非常多。福建有一句“如果没有林家的人就无法开榜”的民谣。

冯琢庵太史之父[①]，为邑庠生[②]，隆冬早起赴学[③]，路遇一人，倒卧雪中，扪之[④]，半僵矣，遂解己绵裘衣之[⑤]，且扶归救苏[⑥]。梦神告之曰：“汝救人一命，出至诚心，吾遣韩琦为汝子[⑦]。”及生琢庵，遂名琦。

【注释】

①冯琢庵太史：即冯琦（1558—1603），字用韫，号琢庵。山东临朐（今山东临朐）人。明万历五年（1577）进士，历任翰林院编修、侍讲，礼部右侍郎、礼部尚书等职。太史，官名。负责编写史书，兼管国家典籍、天文历法、祭祀等。明、清两代，修史则归翰林院负责，所以在翰林院供职的冯琦也被尊称为“太史”。

②邑：指本县临朐。庠（xiáng）生：是明、清科举制度时府、州、县学校生员（秀才）的别称。庠，学校。

③隆冬：冬天最冷的一段时期。

④扪（mén）：用手摸。

⑤绵裘：以丝绸为面套的皮衣。裘，皮衣。衣（yì）：拿衣服给人穿。

⑥救苏：救醒过来。苏，苏醒过来。

⑦韩琦：指北宋著名政治家韩琦（1008—1075），字稚圭，自号赣叟。相州安阳（今河南安阳）人。天圣五年（1027）进士，仁宗时，他与范仲淹率军防御西夏，在军中颇有声望，人称“韩范”。至仁宗末年拜相。英宗即位，封魏国公。韩琦为相十年，辅佐三朝，为北宋的繁荣发展做出了很大贡献。

【译文】

冯琢庵太史的父亲，是本县的一名秀才，在一个严冬的早晨，他很早就起来到学校去，路上遇到一个人，倒卧在雪地里，他用手摸摸此人，已经冻得快死了，于是他就解开自己以丝绸为面套的皮衣，为此人穿上，并把此人搀扶回去救醒。晚上他梦见一位神人告诉他说："你救了别人一命，而且是出于行善的至诚之心，我就让韩琦托生为你的儿子。"因此等到他生了琢庵后，就为琢庵起名叫冯琦。

【评注】

对于一般贫困的人来说，最大的烦恼大概就是"饥寒"二字。冯琦的父亲因为拯救了一个饥寒交迫的人，感动得神灵送给他一位好儿子。春秋五霸之一的楚庄王同样关心百姓饥寒，后来成了霸主。《太平御览》卷三十四引《尸子》佚文：

天雨雪，楚庄王披裘当户，曰："我犹寒，彼百姓、宾客甚矣！"乃遣使巡国中，求百姓、宾客之无居宿、绝粮者，赈之，国人大悦。

有一天下了大雪，楚庄王穿着皮衣站在门口，说："我穿着皮衣尚且感到寒冷，那些百姓和来到楚国的外地人会比我更冷！"于是就派使者到全国各地巡视，寻找那些没有房屋、没有粮食的百姓和外地人，对他们予以救助，楚国人为此而非常高兴。楚庄王关心民间饥寒，得到了百姓的衷心拥戴，从而建立了自己的霸业。这也是因果报应的典型一例。

台州应尚书[①]，壮年习业于山中[②]。夜鬼啸集，往往惊人，公不惧也。一夕闻鬼云："某妇以夫久客不归[③]，翁姑逼其嫁人[④]。明夜当缢死于此[⑤]，吾得代矣[⑥]。"公潜卖田[⑦]，得银四两，即伪作其夫之书[⑧]，寄银还家。其父母见书，以手迹不类[⑨]，疑之。既而曰[⑩]："书可假，银不可假，想儿无恙[⑪]。"妇遂不嫁。其子后归，夫妇相保如初[⑫]。公又闻鬼语曰："我当得代，奈此秀才坏吾事[13]。”傍一鬼曰：“尔何不祸之？”曰：“上帝以此人心好，命作阴德尚书矣[14]。吾何得而祸之？”应公因此益自努励[15]，善日加修[16]，德日加厚。遇岁饥，辄捐谷以赈之[17]；遇亲戚有急，辄委曲维持[18]；遇有横逆[19]，辄反躬自责[20]，怡然顺受[21]。子孙登科第者，今累累也[22]。

【注释】

①台州：地名。在今浙江台州。应尚书：即应大猷（1487—1581），字邦升，号容庵。明武宗正德九年（1514）进士，先后任南京刑部主事、云南右布政使、刑部尚书等职。

②习业：学习，读书。

③久客不归：长期出门在外而没有回来。客，寄居他乡。

④翁姑：公公与婆婆。公公与婆婆认为自己的儿子已经客死他乡，故逼儿媳改嫁。

⑤缢：自缢，上吊。

⑥吾得代矣：我终于找到了一个替死鬼。古人认为，鬼魂如果想投胎转世为人，必须寻找一个活人来代替自己，这个人就称为“替死鬼”。

⑦潜：悄悄地。

⑧书：信。

⑨手迹不类：笔迹不像。类，相似。

⑩既而：不久之后，过了一会儿。

⑪想儿无恙：想必儿子没有出什么事情。想，料想，想必。恙，疾病，灾难。

⑫相保：相守，一起生活。

⑬奈：怎奈。秀才：指应大猷。

⑭作阴德尚书：因为阴德而官至尚书。

⑮益自努励：自己更加地努力。益，更加。努励，激励自己更加努力。

⑯善日加修：一天天地更加努力做善事。

⑰辄：就。

⑱委曲：辗转周折，想方设法。维持：维护，救助。

⑲横逆：强暴无理。

⑳辄反躬自责：就反过来责怪自己没有做好。

㉑怡然顺受：欣然接受。怡然，和悦的样子。

㉒累累：很多的样子。

【译文】

台州的应尚书，壮年时一个人在山中读书。到了夜晚，鬼魂们便聚集在一起大声呼啸，常常使人惊恐不安，而应尚书一点也不害怕。有一天晚上，他听到一个鬼魂说："某某妇人因为丈夫长期在外没有回来，公公婆婆逼她改嫁。明天夜里她将要在这里上吊自杀，我终于找到了一个替死鬼。"应尚书听到后便悄悄地卖了一些田地，得到四两银子，随即伪造了那位丈夫的家信，随信还寄了银两回来。这位丈夫的父母看见家信，感到笔迹不像是儿子的，有些怀疑。但不久又想："家信可以是假的，但银两不会是假的，想必儿子还安然无恙。"于是就不再逼迫儿媳改嫁。他们的儿子后来回家了，夫妇俩如同过去一样相守相爱地生活在一起。应尚书又听到那个鬼魂说："我本来找到替死鬼可以去托生为人了，怎奈这个秀才坏了我的好事。"旁边另一个鬼魂就问："你为什么不去祸害他呢？"那个鬼魂回答说："上帝认为这个秀才心地善良，因为他有阴德而任命他将来当尚书。我怎么能够祸害他呢？"应尚书因此就更加努力地学习，也一天天更加努力地做善事，品德也一天天地更加仁厚。一旦遇到饥荒年，他就捐出粮食以救济灾民；遇到亲戚有了危急之事，他就想方设法地前去救助；遇到强暴无理的人，他就反过来责备自己做得不够好，和颜悦色地接受对方的要求。他的子孙中考中科举的人，如今已经很多很多了。

常熟徐凤竹栻[①]，其父素富[②]。偶遇年荒，先捐租[③]，以为同邑之倡[④]，又分谷以赈贫乏。夜闻鬼唱于门曰："千不诓[⑤]，万不诓，徐家秀才，做到了举人郎。"相续而呼[⑥]，连夜不断。是岁[⑦]，凤竹果举于乡[⑧]。其父因而益积德，孳孳不息[⑨]，修桥修路，斋僧接众[⑩]，凡有利益，无不尽心。后又闻鬼唱于门曰："千不诓，万不诓，徐家举人，直做到都堂[⑪]。"凤竹官终两浙巡抚[⑫]。

【注释】

①常熟：地名。在今江苏常熟。徐凤竹栻（shì）：即徐栻（1519—1581），字世寅，号凤竹。嘉靖二十六年（1547）进士。历任知县、御史、江西巡抚、浙江巡抚、南京刑部尚书等职。

②素富：一向都很富有。素，素来，向来。

③捐租：减免田租。由于灾荒，徐家减免了佃户的田租。"捐租"也可理解为捐献了钱财。租，积蓄，钱财。

④以为同邑之倡：作为同乡其他富人的表率。邑，本邑，同乡。倡，倡导，表率。

⑤千不诓：肯定不是谎话。千，与下一句的"万"组成"千万"一词，表示加强语气，反复叮嘱。

⑥相续：连续不断。

⑦是岁：这一年。是，此。

⑧举于乡：在乡试时考中举人。乡，指乡试。通过这一级考试者为举人。正常情况下，每三年举行一次，考试地点在省城。

⑨孳孳不息：孜孜不倦。孳孳，通"孜孜"。不懈努力的样子。

⑩斋僧：用斋饭供养僧人。接：接济，救助。

⑪都堂：都察院的办公处。也用作官名。明代称都察院长官为都御史、副都御史、佥都御史，派遣到外省的总督、巡抚都带有都察院御史衔，皆可称都堂。

⑫两浙：地名。即今浙江一带。巡抚：官名。明代巡抚拥有一省行政、军事、监察、司法等各项权力，为地方最高长官。

【译文】

常熟人徐栻，自号凤竹，他父亲一直都很富有。偶然遇到灾荒年，他父亲就会首先免除佃户的田租，为同乡的富人们做出表率，接着又拿出粮食去救济那些贫困的人们。晚上听到鬼魂在门口唱道："肯定不骗人，肯定不骗人，徐家的秀才，就要考中举人。"连续不断地呼喊着，接连几个夜晚都是如此。这一年，凤竹果真在乡试时考中了举人。他父亲因此更加努力地积累善行，孜孜不倦，修桥修路，用斋饭供养僧人，接济大众，凡是有利于他人的事情，无不尽心尽力。后来又听到鬼魂在门口唱道："肯定不说谎，肯定不说谎，徐家的举人，一直做到都堂。"徐凤竹最后当了两浙巡抚。

嘉兴屠康僖公①，初为刑部主事②，宿狱中，细询诸囚情状，得无辜者若干人。公不自以为功，密疏其事③，以白堂官④。后朝审⑤，堂官摘其语⑥，以讯诸囚，无不服者，释冤抑十余人⑦，一时辇下咸颂尚书之明⑧。公复禀曰："辇毂之下⑨，尚多冤民；四海之广，兆民之众，岂无枉者？宜五年差一减刑官⑩，核实而平反之。"尚书为奏，允其议⑪。时公亦差减刑之列⑫。梦一神告之曰："汝命无子，今减刑之议，深合天心，上帝赐汝三子，皆衣紫腰金⑬。"是夕夫人有娠⑭，后生应埙、应坤、应埈⑮，皆显官。

【注释】

①嘉兴:地名。在今浙江嘉兴。屠康僖公:即屠勋(1446—1516),字元勋,号东湖,谥康僖。成化五年(1469)进士。先后任工部主事、刑部郎中、刑部尚书等职。

②主事:官名。明代的六部都设有主事一职,官阶不高(从六品),但较有实权。

③疏:记述,记录。

④白:告知,汇报。堂官:官名。明清对中央各部长官的通称,如尚书、侍郎等,因尚书、侍郎在各衙署大堂上办公,故称之为"堂官"。各部以外的独立机构的长官,如知府、知县等,亦可称"堂官"。屠勋"不自以为功,密疏其事,以白堂官"的行为,是他德才兼备的表现,详见"评注"。

⑤朝审:一种会审制度。明英宗认为人命关天,一旦处死就无法复生,所以英宗规定在每年霜降以后,对于将要被处决的死刑案犯进行重新审查,参加的大臣除了三法司(刑部、大理寺、都察院)之外,还有公、侯、伯爵,在吏部尚书或户部尚书的主持下进行会审。《明史·刑法志二》:"天顺三年,令每岁霜降后,三法司同公、侯、伯会审重囚,谓之朝审。历朝遂遵行之。"

⑥摘其语:采用屠勋的记录。摘,摘用,采用。

⑦释:释放。冤抑:冤枉。

⑧辇(niǎn)下:指京城。辇,原指人力拉的车,汉代以后专指皇帝乘坐的车子。咸:都。尚书:指刑部尚书,即上文说的"以白堂官"的堂官。

⑨辇毂(gǔ):指京城,与"辇下"义同。毂,车轮中心有圆孔可以插轴的部分,代指车子。

⑩宜:应该。差(chāi):差遣,派遣。一减刑官:一批减刑官。根据下文"时公亦差减刑之列"可知,这里的"一"不是指一个,而是

指一批。

⑪允：同意，批准。

⑫时：当时。公：指屠勋。亦差减刑之列：也在被派遣的减刑官之中。

⑬衣（yì）紫腰金：身穿紫衣，腰佩金鱼。这是大官的装束，代指做大官。衣，穿。紫，指紫色衣服，南北朝以后，紫衣多为显贵的官服。腰，腰里佩戴。金，指金鱼符。唐朝制度，三品以上的官员穿紫衣，佩金符，因为金符刻为鲤鱼形状，所以叫“金鱼”。

⑭是夕：当天晚上。是，此。有娠（shēn）：怀孕。

⑮应埙（xūn）、应坤、应埈（jùn）：屠勋三个儿子的名字。屠应埙，字文伯。正德六年（1511）进士。先后任吏部主事、湖广屯田副使等职。屠应坤，字文厚。嘉靖二年（1523）进士，官至云南布政使司参政。屠应埈，字文升。嘉靖五年（1526）进士，先后任庶吉士、刑部主事、吏部员外郎等职。

【译文】

嘉兴人屠勋先生，去世后谥号为康僖，他最初任刑部主事时，就住在监狱里，仔细地询问各个囚犯的情况，发现其中有一些囚犯是被冤枉的无辜者。屠勋先生没有把这一发现当作自己的功劳，而是悄悄地把这些囚犯的冤情记录下来，然后把他们的冤情汇报给刑部尚书。后来在朝审的时候，刑部尚书就根据屠勋先生的记录，去审讯这些囚犯，参加朝审的官员听后无不心服口服，于是就释放了十多位被冤枉的囚犯，当时京城的人们都颂扬刑部尚书的英明。屠勋先生又向刑部尚书禀报说：“在京城里面，尚且有这么多被冤枉的人；天下如此之大，百姓如此之多，难道会没有被冤枉的人吗？朝廷应该每五年派遣一批减刑官，去各地核实那些有冤情的人并为他们平反。”刑部尚书为此上奏皇上，这一建议得到皇上批准。当时屠勋先生也在被派出的减刑官之中。一天晚上他梦见一位神人告诉他说：“你命中本来没有儿子，如今你提出的这个减刑建议，与上天爱护生命之心深深契合，所以上帝赐给你三个儿子，这三个儿子将来都会身穿紫衣、腰佩金鱼当大官。”当天晚上屠勋先生的夫人就怀孕了，后来生下了屠应埙、屠应坤、屠应埈三个儿子，他们都当了高官。

【评注】

屠勋“不自以为功，密疏其事，以白堂官”的行为，首先体现了他的美德，那就是谦让，这也就是本书第四篇所强调的“谦德”。关于“谦让”的好处，《周易·谦卦·彖》有一个哲学化的总结：

> 天道亏盈而益谦，地道变盈而流谦，鬼神害盈而福谦，人道恶盈而好谦。谦，尊而光，卑而不可逾，君子之终也。

《周易》说：“上天的运行规律是减少盈满（傲慢）的而补益谦虚的，大地的运行规律是改变盈满的而补充谦虚的，鬼神的行事原则是损害盈满的而赐福谦虚的，人们的行事原则是讨厌盈满的而喜欢谦虚的。有了谦虚的品德，处于高位会更加昌盛繁荣；处于低下的位置，别人也无法在品质方面超越他，君子应该终身谦虚。”后来，人们把《周易》的这一思想总结为“一谦而四益”（《汉书·艺文志》）。意思是，一个人一旦做到谦虚，天、地、鬼神、人四者都会赐福于他。

其次，这一行为也体现了屠勋的为官智慧。《韩非子·八奸》提醒君主说：

> 其于德施也，纵禁财，发坟仓，利于民者，必出于君，不使人臣私其德。

韩非说：“明智的君主对于施行恩德这样的事情，比如给百姓发放国库的钱财，分发国仓的粮食，所有施惠于百姓的行为，必须以君主的名义实施，不许臣下把这些恩惠归于自己个人所有。”这虽然是就君臣关系而言，但也适合于处理上下级关系。作为刑部尚书的下属，屠勋推功于自己的上司，不仅能够赢得上司的支持，有利于自己建议的实施，也能够避免上司对自己的猜忌与嫉妒。

《道德经》第二章说，那些圣人“功成而弗居，夫唯弗居，是以不去”。屠勋做到了这一点，他有功不居，结果大家都记住了他所立的功劳，这是他最终能够晋升为刑部尚书的重要原因之一。

那么与上司争功的结果又如何呢？公元前575年，晋、楚之间爆发了第三次争霸战争——鄢陵之战，晋国大获全胜。战后，晋厉公派参战的大夫郤至去向周天子进献对楚作战的战利品，郤至就在周天子那里不停地夸耀自己的战功，甚至认为自己的功劳第一。单襄公对郤至的行为评论说：

温季（即郤至）其亡乎！位于七人之下，而求掩其上。怨之所聚，乱之本也。多怨而阶乱，何以在位？《夏书》曰："怨岂在明？不见是图。"将慎其细也。今而明之，其可乎？（《左传·成公十六年》）

单襄公的意思是："郤至大概要被杀掉了吧！他的地位在其他参战的七位晋大夫之下，却想用自己的功劳去压倒他的这些上级。如此招来仇怨，这是祸乱的根源。多招仇怨就是自招祸乱，他怎么能够保住自己的官位呢？《夏书》说：'招来怨恨的原因难道都在明处吗？对于那些看不到的原因也要小心防备。'这是告诫人们，即使对于细微之事也要谨慎小心。如今郤至竟然公开地去招来怨恨，这样做怎么能行呢？"正是由于郤至狂妄自大，公开与上司争功，第二年就在政斗中被杀。

嘉兴包凭[①]，字信之，其父为池阳太守[②]，生七子，凭最少[③]，赘平湖袁氏[④]，与吾父往来甚厚[⑤]。博学高才，累举不第[⑥]，留心二氏之学[⑦]。一日东游泖湖[⑧]，偶至一村寺中，见观音像，淋漓露立[⑨]，即解橐中得十金[⑩]，授主僧[⑪]，令修屋宇。僧告以功大银少[⑫]，不能竣事[⑬]。复取松布四匹[⑭]，检箧中衣七件与之[⑮]，内纻褶[⑯]，系新置，其仆请已之[⑰]，凭曰："但得圣像无恙[⑱]，吾虽裸裎何伤[⑲]？"僧垂泪曰："舍银及衣布，犹非难事；只此一点心，如何易得！"后功完，拉老父同游，宿寺中。公梦伽蓝来谢曰[⑳]："汝子当享世禄矣[㉑]。"后子汴[22]，孙柽芳[23]，皆登第[24]，作显官。

【注释】

①包凭：人名。生平见本段介绍，其他情况不详。

②池阳：地名。在今陕西泾阳和三原的部分地区。一说在今安徽池州，似误。太守：官名。太守是秦汉时期对郡守的尊称，汉景帝正式更名为太守，为一郡的最高行政长官。明代时，太守不再是正式官名，但也习惯称知府、知州为太守。

③最少：年龄最小。

④赘：入赘，做上门女婿。平湖：地名。在今浙江平湖。

⑤往来甚厚：交往十分亲密。

⑥累举不第：多次参加科举考试都没有考中。累，多次。举，科举考试。这里用作动词，参加科举考试。不第，没有考中。

⑦二氏之学：指佛教与道教的学说。

⑧泖（mǎo）湖：湖名。即三泖，在今上海松江区西。

⑨淋漓：被雨水淋湿的样子。露立：站在露天。

⑩橐（tuó）：口袋。十金：十两银子。金，古代计算货币的单位。先秦时期，二十两（一说二十四两）黄金叫一金，汉代以一斤黄金为一金，再到后来，一两银子也叫一金。

⑪主僧：主事的僧人。

⑫功大：修建庙宇的工程太大。功，工程。

⑬竣事：完成这件事情。竣，完成。

⑭松布：指松江（今上海松江区）一带出产的布。

⑮检：检查，寻找。箧（qiè）：竹箱子，箱子。

⑯内纻褶（zhù dié）：其中有一件用苎麻纤维做成的夹衣。内，其中。纻，苎麻。其纤维可以织布。褶，夹衣。

⑰已之：停止这件事。也就是不要把它送给僧人了，留下自己穿。

已，停止。

⑱但：只，只要。圣像：观世音菩萨的像。无恙：安然无恙，不受损坏。

⑲虽裸裎（chéng）何伤：我即使赤身露体又有什么关系呢？虽，即使。裎，裸体。

⑳伽（qié）蓝：在佛教中，伽蓝有两种基本含义，一是指僧众共住的园林，即寺院。二是指佛教护法神。这里应指后者。

㉑子：指子孙。享世禄：世世代代享受朝廷的俸禄。

㉒汴：即包汴。嘉靖三十八年（1559）进士，官至四川参政。

㉓柽（chēng）芳：即包柽芳（1534—1596），字子柳，号端溪。嘉靖三十五年（1556）进士。历任礼部主事、刑部主事、贵州提学使、吏部郎中等职。

㉔登第：考中进士。

【译文】

嘉兴人包凭先生，字信之，他的父亲曾任池阳太守，生了七个儿子，包凭的年龄最小，后来入赘到了平湖袁家，他与我父亲交往非常密切。包凭先生学问渊博，才华很高，然而多次参加科举考试都未成功，于是就开始关注佛教、道教的学说。有一天，他到东边的泖湖游历，偶尔来到一个村庄的寺庙中，看到庙里的观世音像就站在露天里，被雨淋得湿漉漉的，他当即从口袋里拿出十两银子，交给庙里主事的僧人，让他把庙宇修葺一下。主事僧人告诉他说，修葺工程太大而银两太少，无法完成修葺任务。于是包凭又拿出四匹松布，还在箱子里找出七件衣服，一并送给主事僧人。其中有一件用苎麻纤维做成的夹衣，是刚刚做成的新衣，他的仆人就请求不要把这件衣服送给僧人了，包凭先生说："只要观世音圣像能够安然无恙，我即使赤身露体又有什么关系呢？"主事僧人感动得流着眼泪说："施舍银两、衣服与布匹，还算不上什么难事；只是这一片诚心，如何能够轻易获得啊！"后来修葺庙宇的工程完毕之后，包凭先生就拉着我父亲一同前去游玩，晚上就住在寺庙里。包凭先生晚上梦见伽蓝前来感谢说:"你的子子孙孙将会世世代代享受朝廷的俸禄。"后来包凭先生的儿子包汴,孙子包柽芳,都考中了进士,当了高官。

嘉善支立之父[1],为刑房吏[2]。有囚无辜陷重辟[3],意哀之[4],欲求其生。囚语其妻曰:"支公嘉意[5],愧无以报[6]。明日延之下乡[7],汝以身事之[8],彼或肯用意[9],则我可生也。"其妻泣而听命。及至,妻自出劝酒,具告以夫意[10],支不听。卒为尽力平反之[11]。囚出狱,夫妻登门叩谢曰:"公如此厚德,晚世所稀[12]。今无子,吾有弱女[13],送为箕帚妾[14],此则礼之可通者。"支为备礼而纳之,生立,弱冠中魁[15],官至翰林孔目[16]。立生高[17],高生禄[18],皆贡为学博[19]。禄生大纶[20],登第[21]。

【注释】

①支立:人名。字可与。后来以举人身份任翰林院孔目一职。

②刑房吏:官名。掌管刑罚、监狱事务。

③无辜:无罪。重辟(bì):重罪,重刑。辟,罪过。

④哀:同情。

⑤嘉意:美意。即营救自己的好意。

⑥无以:没有办法。

⑦延:请,邀请。

⑧以身事之:以身相许。

⑨彼或肯用意:他也许肯尽心尽意地营救我。或,也许。用意,用心,尽心尽力。

⑩具:具体,详细。夫意:自己丈夫的意思。

⑪卒:最终。

⑫晚世：近世。所稀：所罕见。

⑬弱女：女孩儿，姑娘。弱，年少。

⑭箕帚（jī zhǒu）妾：手持箕帚、打扫卫生的奴婢，借作妻妾的谦称。箕，簸箕。帚，扫帚。妾，女奴。

⑮弱冠：古时男子二十岁称弱冠。古代男子二十岁时行冠礼，以示成年，但此时身体还不够强壮，故称“弱冠”。后来泛指男子二十左右的年纪。中魁：考中了进士第一名。魁，为首的，第一名。

⑯翰林：官署名，指翰林院。明代的翰林院是储备人才的地方，负责修书撰史、起草诏书、为皇室侍读等事务。翰林院地位清贵，是成为朝廷大臣、地方官员的进阶。孔目：官名。负责图书、档案事务。

⑰高：即支高。曾任南丰（今江西南丰）训导。

⑱禄：即支禄。生平不详。

⑲皆贡为学博：都以贡生的身份担任学博。贡，贡生。指通过选拔升入京师国子监（太学）学习的府、州、县学业优秀、资历较深的生员（秀才）。学博，官名。唐制，府、郡置经学博士各一人，负责以五经教授学生，后来泛称学官为学博。

⑳大纶：即支大纶。万历二年（1574）进士。先后任南昌教授、泉州推官、奉新知县等职。

㉑登第：指考中进士。

【译文】

嘉善人支立的父亲，当过刑房吏。有一名囚犯没有犯罪却被判了重刑，支立的父亲很同情他，就想为他找一条生路。这个囚犯就对自己的妻子说：“支立先生有救我的好心，我很惭愧，因为我没有办法报答他。明天你把他邀请到咱们乡下家里，你就以身相许，他也许肯尽心尽力地营救我，那么我就可以活下来了。”妻子哭着答应了丈夫的要求。支立的父亲到了以后，囚犯的妻子亲自出面劝酒，并把丈夫的意思详细地告诉了他，支立的父亲没有同意。最终支立的父亲尽心尽力地为这名囚犯平反。这名囚犯出狱之后，夫妻两人一起登门拜谢说："您对我们的大恩大德，近世很少见到。如今您没有儿子，我们有一个女儿，愿意送给您做打扫卫生的小妾，这在礼法上也是说得通的。"支立的父亲就以完备的礼仪迎娶了这位蒙冤者的女儿，后来生下了支立，支立二十岁左右时考中了第一名，担任翰林院孔目一职。支立生支高，支高生支禄，他们都以贡生的身份担任了学博。支禄生支大纶，支大纶考中了进士。

凡此十条①，所行不同，同归于善而已。若复精而言之②，则善有真，有假；有端③，有曲④；有阴⑤，有阳⑥；有是⑦，有非；有偏⑧，有正⑨；有半⑩，有满；有大，有小；有难，有易。皆当深辨⑪。为善而不穷理⑫，则自谓行持⑬，岂知造孽⑭，枉费苦心，无益也。

【注释】

①凡：总共。十条：指以上所讲的十件善事。

②精而言之：精确、仔细地讨论行善之事。之，代指行善。

③端：直，端正。这里指真正的善。

④曲：偏斜，偏邪。这里指曲邪的善。

⑤阴：暗中，不显露的。这里指人们不知道的善行。

⑥阳：显露在外。这里指人们知道的善行。

⑦是：正确。这里指正确的善行。

⑧偏：偏颇。这里指片面的、不恰当的善行。

⑨正：正当，恰当。这里指恰当的善行。

⑩半：半满的善行，不够圆满的善行。

⑪深辨：深入辨析，认真甄别。

⑫穷理：彻底地研究做善事的道理。穷，穷尽，彻底。

⑬自谓行持：自认为是在行善。谓，说，认为。行持，修行，做好事。

⑭造孽：犯错，犯罪。

【译文】

以上这十件事情，虽说他们所做的具体事情不同，但都可以归于善行。如果再仔细地加以分析讨论，那么就有真善，有假善；有真正的善，有曲邪的善；有无人知道的善，有别人知道的善；有正确的善，有不正确的善；有不恰当的善，有恰当的善；有不圆满的善，有圆满的善；有大善，有小善；有难以做到的善，有容易做到的善。这些都应该做深入的辨析。做好事而不彻底明白做好事的道理，那么就会自以为是在做好事，哪里知道自己其实是在做恶事，白费了一片苦心，却没有丝毫益处。

何谓真假？昔有儒生数辈①，谒中峰和尚②，问曰："佛氏论善恶报应，如影随形。今某人善，而子孙不兴；某人恶，而家门隆盛。佛说无稽矣③。"中峰云："凡情未涤④，正眼未开⑤，认善为恶，指恶为善，往往有之。不憾己之是非颠倒⑥，而反怨天之报应有差乎？"众曰："善恶何致相反？"中峰令试言其状⑦。一人谓："詈人、殴人是恶⑧，敬人、礼人是善。"中峰云："未必然也⑨。"一人谓："贪财妄取是恶⑩，廉洁有守是善⑪。"中峰云："未必然也。"众人历言其状，中峰皆谓"不然"。因请问。中峰告之曰："有益于人，是善；有益于己，是恶。有益于人，则殴人、詈人皆善也；有益于己，则敬人、礼人皆恶也。是故人之行善，利人者公，公则为真；利己者私，私则为假。又根心者真⑫，袭迹者假⑬。又无为而为者真⑭，有为而为者假⑮。皆当自考。"

【注释】

①数辈:数人。

②谒:拜访。中峰和尚(1263—1323):元代高僧,法号智觉,钱塘(今浙江杭州)人。俗姓孙,字中峰,号幻住道人,元仁宗赐谥“普应国师”。

③无稽:无法印证,没有根据。稽,考证,验证。

④凡情未涤:世俗的情欲没有清洗干净。凡,世俗。涤,清洗,扫除。

⑤正眼未开:正确的认识能力还没有开启。正眼,正知、正觉的眼光,也即正确的认识能力。

⑥憾己:为自己是非颠倒的认识能力而遗憾。

⑦其状:善恶的情况。

⑧詈(lì):骂。

⑨未必然:未必是这样。然,代词。这样。

⑩妄取:获取非分之物。

⑪有守:有所持守。也即遵循正道。

⑫根心:发自真心。

⑬袭迹:表面上效仿别人的善良行为。袭,因袭,效仿。迹,迹象,表面现象。

⑭无为:没有个人功利目的。

⑮有为:有个人功利目的。

【译文】

什么叫真善、假善呢?从前有几位儒生,去拜谒中峰和尚,他们质疑说:“佛教认为善恶都有报应,就像影子紧随着形体一样确切无误。如今某某人非常善良,而子孙却不兴旺;某某人十分凶恶,而家门却异常兴盛。佛教的善恶报应之说是没有根据的。”中峰和尚说:“世俗的情欲没有清洗干净,正确的认识能力还没有开启,于是就会把善行认作恶行,而把恶行当作善行,这是常有的事情。不去对自己是非颠倒的认识能力深感遗憾，反而还要去抱怨上天的报应出了差错吗？”几位儒生请教说：“人们为什么会把善恶标准给弄反呢？”中峰和尚让他们试着谈谈关于善与恶的表现。一位儒生说：“咒骂别人、殴打别人是恶，尊敬别人、以礼待人是善。”中峰和尚说：“未必是这样吧。”另一位儒生说：“贪取钱财、获取非分之物是恶，清正廉洁、遵守正道是善。”中峰和尚说：“也未必是这样吧。”几位儒生一条一条地讲了各种善与恶的表现，中峰和尚都说“未必是这样”。于是几位儒生请求中峰和尚解惑。中峰和尚告诉他们说：“有益于别人的行为，是善行；有利于自己的行为，是恶行。只要是有益于别人，即使殴打、咒骂别人，也都是善行；如果只是为了有利于自己，那么即使尊敬别人、以礼待人，也都是恶行。因此人们做了善事，如果这个善事有益于别人，那就是大公无私，大公无私的善事就是真善；如果这个善事有利于自己，那就是为了私利，为了私利的善事就是假善。另外，发自内心地去做好事，就是真善；仅仅在表面上效仿前人的善行而去做好事，就是假善。还有，不带个人功利目的去做好事，就是真善；带着个人功利目的去做好事，就是假善。这些道理都需要认真地分辨、甄别。”

【评注】

真善行为比较好理解，而假善行为容易迷惑人。我们看看历史上几个假善的例子。《史记·赵世家》记载，在晋国权臣赵简子不知该选哪个儿子做继承人时，有人向他推荐了赵毋恤，也就是赵襄子。赵简子为了考验几个儿子的才华，想出以下这个办法：

> 简子乃告诸子曰：“吾藏宝符于常山上，先得者赏。”诸子驰之常山上，求，无所得。毋恤还，曰：“已得符矣。”简子曰：“奏之。”毋恤曰：“从常山上临代，代可取也。”简子于是知毋恤果贤，乃废太子伯鲁，而以毋恤为太子。（《史记·赵世家》）

赵简子让几个儿子到常山（今北岳恒山）上寻宝，其他儿子都空手而归，只有赵襄子发现了可以占为己有的宝符——代国，从而赢得了赵简子的赏识，决定选择他做继承人。这就是说，赵简子与赵襄子父子俩早就有灭代之心，然而他们表面上却对代国十分友善，甚至把赵襄子的姐姐嫁给代王，而且还杀掉那些反对代国的人。这种虚假的友善行为骗过了代王，使代王为此付出了巨大的代价：

> 襄子姊前为代王夫人。简子既葬，未除服，北登夏屋，请代王。使厨人操铜枓以食代王及从者，行斟，阴令宰人各以枓击杀代王及从官，遂兴兵平代地。其姊闻之，泣而呼天，摩笄自杀。（《史记·赵世家》）

赵简子刚刚去世，赵襄子就在夏屋山（在今山西代县）邀请代王前来宴饮，就在这次宴会上，赵襄子命令厨师用铜制的勺子击杀了代王与他的随从，一举占领了整个代国。赵襄子的姐姐过去一直被蒙在鼓里，还以为父亲与弟弟真对代王友善。得知丈夫被杀的消息后，赵襄子的姐姐用簪子刺颈自杀。

历史上利用假善去谋取私利的人数不胜数。除了赵襄子，田成子与王莽也是这方面的典型例子。

《史记·田敬仲完世家》记载："田釐子乞事齐景公为大夫，其收赋税于民以小斗受之，其廪予民以大斗，行阴德于民，而景公弗禁。由此田氏得齐众心，宗族益强，民思田氏。……（田釐子之子田成子）复修釐子之政，以大斗出贷，以小斗收。齐人歌之曰：'妪乎采芑，归乎田成子！'……遂杀简公。"田氏家族用小斗进、大斗出的办法"行阴德于民"，从而用伪善的手段收到了"得齐众心，宗族益强，民思田氏"的效果，以至于最终有力量杀掉齐国君主，变姜氏政权为田氏政权。

田成子之后，王莽也利用伪善行为篡取了西汉政权。《汉书·王莽传》记载：

> （王莽）折节为恭俭。受《礼经》，师事沛郡陈参，勤身博学，被服如儒生。事母及寡嫂，养孤兄子，行甚敕备。又外交英俊，内事诸父，曲有礼意。阳朔中，世父大将军凤病，莽侍疾，亲尝药，乱首垢

面，不解衣带连月。……欲令名誉过前人，遂克己不倦，聘诸贤良以为掾史，赏赐邑钱悉以享士，愈为俭约。母病，公卿列侯遣夫人问疾，莽妻迎之，衣不曳地，布蔽膝。见之者以为僮使，问知其夫人，皆惊。……其中子获杀奴，莽切责获，令自杀。……莽上书言："臣与孔光、王舜、甄丰、甄邯共定策，今愿独条光等功赏，寝置臣莽，勿随辈列。"……莽复上书让。太后诏谒者引莽待殿东箱，莽称疾不肯入。

王莽篡政之前，把自己伪装成一位几乎完美的大善人，他孝慈友善，克己奉公，礼贤下士，大义灭亲，谦逊退让，骗取了人们的信任。掌权之后，王莽毒杀了年仅十四岁的汉平帝，另立傀儡孺子。此后，王莽一步步脱掉伪善的外衣，露出本来面目，取汉而代之，建立了自己的新朝。

何谓端曲？今人见谨愿之士①，类称为善而取之②；圣人则宁取狂狷③。至于谨愿之士，虽一乡皆好④，而必以为德之贼⑤。是世人之善恶⑥，分明与圣人相反。推此一端⑦，种种取舍，无有不谬⑧。天地鬼神之福善祸淫⑨，皆与圣人同是非，而不与世俗同取舍。凡欲积善，决不可徇耳目⑩，惟从心源隐微处⑪，默默洗涤。纯是济世之心⑫，则为端；苟有一毫媚世之心⑬，即为曲。纯是爱人之心，则为端；有一毫愤世之心⑭，即为曲。纯是敬人之心，则为端；有一毫玩世之心，即为曲。皆当细辨。

【注释】

①谨愿：谨慎小心的好好先生。愿，即孔子所反对的"乡愿"（《论语·阳货》），指那些受到乡里欢迎、实际上却不坚持正确原则的好好先生。

②类：大抵，大致。取：接受，任用。

③圣人：指孔子。狂狷：积极进取而又自命不凡的人和洁身自好而又较为保守的人。狂，积极进取而又自命不凡，类似后来“狂生”一词中的“狂”。狷，洁身自好而又较为保守。《论语·子路》：“子曰：‘不得中行而与之，必也狂狷乎！狂者进取，狷者有所不为也。’”

④虽一乡皆好：即使一乡人都喜欢他。虽，即使。好，喜欢。

⑤德之贼：伤害美德的人。《论语·阳货》：“子曰：‘乡原，德之贼也。’”孔子的意思是：“那些受到乡里欢迎的好好先生，是伤害美德的人啊。”

⑥是：代词。代指以上所说的善恶标准。

⑦推此一端：从这一件事情上推理开去。端，事情。

⑧谬：谬误，错误。

⑨福善祸淫：赐福祉于善人，降灾祸于坏人。福，用作动词，赐福。祸，用作动词，降下灾难。淫，邪恶。这里指邪恶之人。

⑩徇耳目：屈从于人们的耳目。徇，顺从。也即自己的所作所为，是为了让人们听着好听，看着好看。换句话说，人们喜欢什么，自己就做什么，没有正确的原则。

⑪心源：内心这一根源。隐微处：别人看不到的地方。微，隐蔽，不显露。

⑫济世：救世。

⑬苟：如果。媚世：讨好世俗。

⑭愤世：怨恨世人。

【译文】

什么叫真正的善与偏邪的善呢？如今人们看到那些谨慎小心的好好先生，大致上就会称他们为善人而接受他们；而圣人却宁肯举用那些积极进取而又自命不凡的人和洁身自好而又较为保守的人。至于那些谨慎小心的好好先生，即使一乡人都喜欢他们，而他们肯定会成为美德的败坏者。这就说明世人的善恶标准，分明与圣人的善恶标准刚好相反。从这一件事情推理开去，世人的各种取舍标准，没有不是错误的。天地鬼神赐福祉于善人，降灾祸于坏人，他们的是非观与圣人是一样的，而与世俗人的取舍标准却不相同。大凡要想积累善行的人，绝对不能够依据世俗人的耳目爱好去做事，只能从内心这个无人看到的根源之处着手，默默地努力把自己的内心打扫干净。纯粹是一颗济世救人之心，就是真正的善；如果有一丝一毫讨好世俗之心，就是曲邪的善。纯粹是出于爱人之心，就是真正的善；如果有一丝一毫怨恨世人之心，就是曲邪的善。纯粹是敬人之心，就是真正的善；如果有一丝一毫的玩世不恭之心，就是曲邪的善。这些都应该仔细分辨清楚。

【评注】

袁了凡提倡真正的善，反对乡愿式的曲邪之善。对于这两种善，我们分别举例予以说明。

首先看真正的善。张释之是汉代的名臣，在他担任廷尉（司法官）期间，与汉文帝之间，发生了这么一件事情：

> 上行出中渭桥，有一人从桥下走出，乘舆马惊。于是使骑捕，属之廷尉。释之治问。曰："县人来，闻跸，匿桥下。久之，以为行已过，即出，见乘舆车骑，即走耳。"廷尉奏当，一人犯跸，当罚金。文帝怒曰："此人亲惊吾马，吾马赖柔和，令他马，固不败伤我乎？而廷尉乃当之罚金！"释之曰："法者，天子所与天下公共也。今法如此而更重之，是法不信于民也。且方其时，上使立诛之则已。今既下廷尉，廷尉，天下之平也，一倾而天下用法皆为轻重，民安所措其手足？唯陛下察之。"良久，上曰："廷尉当是也。"（《史记·张释之列传》）

汉文帝出行，百姓纷纷避让，一个长安县百姓慌不择路，只好躲在中渭桥下。过了一段时间，这个百姓以为皇上的车驾已经过去，便从桥下出来，结果发现皇上的车驾还在桥上，于是急忙避开，结果把皇上的马惊了。

文帝就把他交给张释之处理，张释之按照当时的法律，予以罚款了事。文帝对此极为不满，于是张释之做了一番“法者，天子所与天下公共也”的解释，赢得皇上的赞同。张释之没有屈从于皇上的权威，坚持依法判案，不仅拯救了这位百姓的生命，也为朝廷赢得了赞誉。张释之的善行就是真正的善行，从而取得了“双赢”的效果。

所谓曲邪的、“乡愿”式的善行，《吕氏春秋·离谓》记载了一例：

> 洧水甚大，郑之富人有溺者，人得其死者。富人请赎之，其人求金甚多，以告邓析，邓析曰：“安之。人必莫之卖矣。”得死者患之，以告邓析，邓析又答之曰：“安之。此必无所更买矣。”

邓析是春秋郑国人，是名家人物，也是著名的法律学家。有一年，洧河（在今河南）涨水，一位富人被淹死了，他的尸体顺流而下，被别人打捞起来。富人家属想把亲人尸体赎回去埋葬，而捞尸者索要的赎金极高。富人家属无奈，便去找邓析出主意。邓析说：“您别着急，只管把赎金压低，这件‘商品（尸体）’没有人与你们抢购！”富人家属觉得此话甚为有理，于是就不再着急赎回尸体。这下轮到捞尸者着急了，他也去找邓析出主意，邓析说：“您别着急，只管把赎金抬高，这件‘商品’他们非买不可！”邓析对发生纠纷的双方都表现出了极大的“善意”，贴心地为两家出主意，皆不得罪，这就是典型的好好先生。邓析不是真正地从善意出发，真诚地去为双方解决这一纠纷，而是用两边讨好的方法，使这一纠纷一直处于僵持状态而无法了结。邓析在双方纠纷僵持不下的状态中，却赢得了两家对他的好感，这就是典型的曲邪的乡愿式“善行”。

何谓阴阳？凡为善而人知之，则为阳善；为善而人不知，则为阴德。阴德，天报之；阳善，享世名[①]。名，亦福也。名者，造物所忌[②]。世之享盛名而实不副者[③]，多有奇祸[④]；人之无过咎而横被恶名者[⑤]，子孙往往骤发[⑥]。阴阳之际微矣哉⑦。

【注释】

①享世名：在社会上享有美好的名声。

②造物所忌：是造物主所忌讳、讨厌的。忌，憎恨，讨厌。意思是说，一个人如果名声太大，也会为自己带来意外之灾。事例详见“评注”。

③副：相符，符合。

④奇祸：出人意料的灾难。奇，出人意料。

⑤无过咎：没有过错。咎，罪过，过失。横被恶名：出人意料地背负了恶名。横，意料不到的。

⑥骤发：突然之间飞黄腾达。

⑦阴阳之际微矣哉：阴德与阳善之间的关联实在是太微妙了。

【译文】

什么叫阴德与阳善呢？凡是被人知道的善行，就叫阳善；凡是不被人知道的善行，就叫阴德。有阴德的人，上天会给他以福报；有阳善的人，将会在社会上享有美好的名声。美好的名声，也是一种福报啊。然而名声如果太盛，这是造物主所讨厌的。社会上那些享有盛名而实际上德才难以与之相配的人，往往会遇到许多意想不到的灾祸；而没有任何过错却被蒙上预料之外的恶名的人，他们的子孙往往会突然之间飞黄腾达。阴德与阳善之间的关联是非常微妙的。

【评注】

袁了凡一方面认为“名，亦福也”，一方面又意识到“名者，造物所忌”，可见“名”的双刃剑作用已经被他有所觉察。关于名声给人带来的拖累，我们仅举一例：

> （龚胜）不复开口饮食，积十四日死，死时七十九矣。……有老父来吊，哭甚哀，既而曰：“嗟虖！薰以香自烧，膏以明自销。龚生竟

天天年，非吾徒也。”（《汉书·龚胜传》）

龚胜是西汉末年的名臣，王莽篡政时，龚胜本已退休在家，王莽为了借重龚胜的名声，逼他再次出仕。顾忌家人安危而不敢直接抗命的龚胜为了保全自己忠于汉朝的节操，无奈之下绝食而死。那位老父说的“薰以香自烧，膏以明自销”中的“香”“明”，指的就是盛名，龚胜就死于自己的盛名。至于那些名实不副的人，更是成为人们的笑柄。《晋书·桓玄列传》记载：

（桓）玄以历代咸有肥遁之士，而己世独无，乃征皇甫谧六世孙希之为著作，并给其资用，皆令让而不受，号曰高士，时人名为“充隐”。

东晋权臣桓玄在篡权之时，认为社会缺乏隐士，与自己掌权的盛世不符，于是就与皇甫希之相互配合，制造出一个隐士来。由于保密工作的欠缺，使这件事情真相泄露，世人称皇甫希之为“冒充的隐士”。这种假冒之名使皇甫希之此后既无法做官，恐怕想当个真正的隐士也做不到了，弄得进退维谷，而主导作假的桓玄也只能成为历史笑柄。

正是考虑到名声给人带来的麻烦，所以《庄子·逍遥游》提出了“圣人无名”的主张。历史上曾经出现过不少逃名者。《后汉书·逸民列传》记载：

韩康字伯休，一名恬休，京兆霸陵人。家世著姓，常采药名山，卖于长安市，口不二价，三十余年。时有女子从康买药，康守价不移，女子怒曰：“公是韩伯休那？乃不二价乎！”康叹曰：“我本欲避名，今小女子皆知有我，何用药为？”乃遁入霸陵山中。

世人逃名，僧人更是逃名。《五灯会元》卷三记载，唐代贞元年间，法常禅师居住在四明（在今浙江宁波）深山之中，有一次，高僧盐官禅师身边的一位僧人进山迷路，走到了法常的庵前，问：“和尚在此多少时？”师曰：“只见四山青又黄。”又问：“出山路向甚么处去？”师曰：“随流去。”僧人回去把这一偶遇告诉了盐官禅师，盐官禅师说：“我在江西时曾见一僧，自后不知消息，莫是此僧否？”便命令僧人前去邀请。法常就写了一首偈作答：

> 摧残枯木倚寒林，几度逢春不变心。樵客遇之犹不顾，郢人那得苦追寻？一池荷叶衣无尽，数树松花食有余。刚被世人知住处，又移茅舍入深居。

和高僧盐官交往，将是名利双收的事情，但法常却逃往深山更深处，拒绝了这次猎取名利的好机会。中国很早就有“名枷利锁”一词，它形象地说明了名利对人的约束，那么逃名实际上就是逃离枷锁。

何谓是非？鲁国之法，鲁人有赎人臣妾于诸侯①，皆受金于府②。子贡赎人而不受金。孔子闻而恶之曰③：“赐失之矣④。夫圣人举事，可以移风易俗，而教道可施于百姓⑤，非独适己之行也⑥。今鲁国富者寡而贫者众，受金则为不廉，何以相赎乎⑦？自今以后，不复赎人于诸侯矣。”子路拯人于溺⑧，其人谢之以牛，子路受之。孔子喜曰：“自今鲁国多拯人于溺矣。”自俗眼观之，子贡不受金为优，子路之受牛为劣，孔子则取由而黜赐焉⑨。乃知人之为善，不论现行而论流弊⑩，不论一时而论久远，不论一身而论天下。现行虽善，而其流足以害人，则似善而实非也；现行虽不善，而其流足以济人，则非善而实是也⑪。然此就一节论之耳⑫，他如非义之义，非礼之礼，非信之信，非慈之慈，皆当抉择。

【注释】

①臣妾：奴隶。男奴隶叫臣，女奴隶叫妾。

②皆受金于府：都可以得到官府的赏金。

③恶(wù):讨厌,不高兴。这里引申为批评。

④赐:即孔子弟子子贡。子贡姓端木,名赐,字子贡。卫国人,小孔子三十一岁。《论语·先进》:"子曰:'赐不受命,而货殖焉,亿则屡中。'"孔子认为子贡不愿屈服于命运安排,在经商赚钱方面,屡屡能够猜中行情。在孔子弟子中,子贡是最为富有的。

⑤教道:教育原则、内容。道,方法,原则。

⑥非独适己之行也:不仅仅只是适合于自己的行为。即不能仅仅依据自己的道德水平去制定教育原则,还要考虑到大众的道德水平与接受能力。非独,不仅。

⑦相赎:去救赎别人。相,表示动作,偏指一方。

⑧子路:人名。孔子弟子。姓仲名由,字子路。鲁国卞人。比孔子小九岁。

⑨取:采取,认同。黜:排除,不赞成。

⑩不论现行而论流弊:不要只看当下的效果,而要考虑是否会为后世带来不良的效应。弊,弊端,不良的影响。

⑪是:正确,善良。

⑫就一节论之耳:仅就这一件事情而言。一节,一件事。指孔子对子贡与子路行为的评点这件事。

【译文】

什么叫正确的善行与错误的善行呢?鲁国的法令规定,鲁国人如果能够从其他诸侯国把沦为男女奴隶的鲁国人救赎回来,都可以得到官府的赏金。子贡救赎了一些鲁国人却没有接受赏金。孔子听到这件事以后就批评子贡说:"子贡的做法是错误的。圣人所做的事情,一定是可以用来移风易俗的,他们的教育内容可以推行到普通百姓身上,不能仅仅适合于自己的行为。如今鲁国富人很少而穷人很多,子贡的做法反衬出别人接受赏金就是不够廉洁,那么人们凭什么还会去救赎那些沦为他国奴隶的鲁国人呢?从今以后,人们就不会再从别的诸侯国里赎人了。"

子路营救了一个溺水的人，那个人就送给子路一头牛表示感谢，子路接受了这头牛。孔子高兴地说："从今以后鲁国就会有很多人去营救溺水的人了。"从世俗人的眼光来看，子贡不接受赏金的行为是高尚的，子路接受这头牛的行为是低劣的，然而孔子却赞成子路的行为而批评子贡的行为。从这里就可以知道，在评价人们的善行时，不要只看当下的效果，而要考虑是否会为后世带来不良的效应；不要只看一时的情况，而要看长期的影响；不要只看某个人的道德水平，而要看整个天下民众的道德水平。现在的行为虽然出自善心，未来造成的影响却足以害人，那么这样的善行看似善良而实际却是错误的；现在的一些行为虽然看似不够善良，未来所造成的影响却可以救助别人，那么这种不善良的行为却是一种正确的行为。我们不过是就孔子师生这一件事而言，其他许多事情，比如看似非正义而实际属于正义的事情，看似不合礼制而实际符合礼制的行为，看似不诚实而实际属于诚实的言行，看似不仁慈而实际属于仁慈的做法，这些都需要我们认真甄别、选择。

【评注】

袁了凡所引用的孔子批评子贡、表扬子路这一典故，出自《吕氏春秋·察微》。关于如何鼓励人们行善，是一个非常复杂、难以把控的问题，这也是老庄与孔孟争论的焦点。

学界一般认为老庄是反对仁义的，其实这是最大的学术误解，老庄反对的是带有功利目的的仁义，而提倡"上仁"："上仁为之而无以为。"（《道德经》三十八章）"与善仁。"（《道德经》八章）真正崇尚"仁"的人做好事不带任何个人功利目的，为了个人利益而去行善，就不是真正的"仁"，而是商人之间的利益交换。孔子对此也非常赞成，他把行仁的动机分为三个层次：

或安而行之，或利而行之，或勉强而行之。（《礼记·中庸》）

孔子认为最高的仁是发自天性、不带任何个人功利目的去行仁，这就是"安仁"，也就是老子的"上仁"；其次是认识到行仁对人我皆利而主动行仁，这就是“利仁”；还有出于其他各种原因——比如因惧怕舆论、礼法而勉强自己行仁，这就是“强仁”。孔子也主张不带个人功利目的去行仁，但他同时又看到能够做到“安仁”的“天下一人而已矣”（《礼记·表记》），对于广大民众只能讲“利仁”，用名利去勉励他们行善。这就是孔子批评子贡、表扬子路的原因所在。

应该说，孔子推行仁义的方法较为切实可行，“安仁”的主张往往只能成为海市蜃楼，看似绚丽无比却虚无缥缈、难以落实。然而老庄反对“利仁”也并非全无道理，因为宣扬、奖赏“利仁”的结果，往往会使仁义、善行堕落为人们玩弄阴谋的工具：

> 西门疆尹河西，以赏劝民。道有遗羊，值五百，一人守而待。失者谢之，不受。疆曰：“是义民也。”赏之千。其人喜，他日谓所知曰：“汝遗金，我拾之以还。”所知者从之，以告疆曰：“小人遗金一两，某拾而还之。”疆曰：“义民也。”赏之二两。其人益喜，曰：“我贪，每得利而失名，今也名利两得，何惮而不为？”（《呻吟语·治道》）

西门疆在河西（泛指黄河以西地区）主政时，用“利仁”鼓励百姓行善。有人拾到一只价值五百钱的羊，然后无偿地把这只羊交还给失羊人，这一行为是老、孔所主张的“上仁”“安仁”。西门疆为了表彰他，加倍赏给他一千钱。这种奖赏善行的政策吊起了拾羊人的胃口，他便与自己的朋友相互勾结，以拾金不昧的假把戏骗取官府的赏金。这个故事清晰地说明了一位本无“利仁”之心的诚实人是如何被奖赏善行的政策诱导为一个借伪善谋真利的巧诈小人。因为行善能够“名利两得”，于是盗用仁义就由个人行为慢慢发展为集团行为，由个别现象蔓延为普遍现象。特别是在政治领域里，把鼓吹仁政作为换取百姓支持的手段，几乎成为当权者无须掩人耳目的“阳谋”，于是“善”由内在美德逐步堕落为外在的谋利工具。我们在前文所列举的田成子、王莽就是这方面的典型例子。《庄子·外物》也讲了一个盗用仁义的故事：

演门有亲死者，以善毁爵为官师，其党人毁而死者半。

演门是战国时期宋国都城的东门，住在这里的一个宋国人的父母去世了，这个宋国人因悲痛欲绝而搞得自己骨瘦如柴。宋君为了奖赏他的孝心，就提拔他当了官师。乡亲们一看到孝顺父母还有这样大的好处，便纷纷效仿，在父母去世后就故意损害自己的身体，结果死了一半。

总之，孔子的“利仁”主张符合世人的道德水准，向人们宣讲“利仁”的主观目的也值得肯定，即使出现一些无伤大雅的伪善现象，也胜于血腥屠戮的丛林法则，只是在推行切实可行的“利仁”的同时，我们还要仔细审视、检束那些假仁爱以谋私利的伪善者，把控着适当的度，以遏制那些过度的伪善行为。

何谓偏正？昔吕文懿公初辞相位[①]，归故里，海内仰之[②]，如泰山北斗[③]。有一乡人醉而詈之[④]，吕公不动[⑤]，谓其仆曰：“醉者勿与较也。”闭门谢之[⑥]。逾年[⑦]，其人犯死刑入狱。吕公始悔之曰：“使当时稍与计较，送公家责治[⑧]，可以小惩而大戒[⑨]。吾当时只欲存心于厚，不谓养成其恶，以至于此。”此以善心而行恶事者也。

又有以恶心而行善事者。如某家大富，值岁荒，穷民白昼抢粟于市[⑩]。告之县，县不理，穷民愈肆[⑪]，遂私执而困辱之[⑫]，众始定。不然，几乱矣。

故善者为正，恶者为偏，人皆知之。其以善心而行恶事者，正中偏也[⑬]；以恶心而行善事者，偏中正也，不可不知。

【注释】

①吕文懿公：即吕原（1418—1462），字逢原，号介庵。秀水（今浙

江嘉兴）人。正统七年（1442）进士，先后任翰林院编修、翰林学士、右春坊大学士等职，并入内阁参预机务。天顺六年（1462）卒，年仅四十五岁。追赠礼部左侍郎，谥号文懿。相：宰相。朱元璋废除宰相制度后，明朝再无宰相一职，吕原曾入内阁参预机务，其职务类似于宰相，但权力要远远小于从前的宰相。

②海内：全国。古人认为我国疆土四面环海，因此称国境之内为海内。

③泰山北斗：泰山为五岳之首，北斗为众星之最，古人常用泰山、北斗比喻为众人所敬仰的人。

④詈（lì）：骂。

⑤动：动气，生气。

⑥谢：离开，躲避。

⑦逾年：过了一年。逾，越过，过了。

⑧公家：官府。责治：责罚，惩罚。

⑨戒：警告。

⑩粟（sù）：谷子。这里泛指粮食。

⑪愈肆：更加肆无忌惮。

⑫遂：于是。私执：动用私人力量把他们抓起来。执，逮捕。

⑬正中偏：看似恰当的善而实际是偏颇的善。

【译文】

什么叫偏颇的善与恰当的善呢？从前文懿公吕原刚刚辞去相位，回到家乡，全国民众敬仰他，就如同敬仰泰山、北斗一样。有一个同乡人酒醉之后辱骂吕原先生，吕原先生没有生气，对自己的仆人说：“他是喝醉酒的人，不要与他计较。”于是就关上门躲开他。过了一年，那个同乡人犯了死罪被关入大牢。吕原先生这才开始后悔，说：“如果当时与他稍微计较一下，把他送到官府责罚一番，可以通过小的责罚给他一个极大的提醒。我当时只想要心存仁厚，没有想到竟然助长了他的恶习，以至于落到如今这个地步。”这就是出于善心而做了一件坏事。

还有出于恶意而做了善事的人。比如某家非常富有，有一年遇到灾荒，穷人们大白天就在市场上公开抢劫粮食。富人把此事告到县衙，而县衙不予受理，那些穷人就更加肆无忌惮，于是这位富人就动用私人力量把这些人抓起来进行惩戒，人们这才安定下来。如果不是这位富人的干涉，几乎酿成大乱。

善良的行为被称为恰当的行为，罪恶的行为被称为不恰当的行为，这个道理人人都知道。那些出于善心却做出了恶事的，可以说是看似恰当的善意中的不恰当行为；那些出于恶意却做出了善事的，可以说是看似不恰当的恶意中的恰当行为，这些情况不可以不明白啊。

【评注】

袁了凡讲的"善心行恶事……恶心而行善事"这一现象，孔子早有论述。《淮南子·人间训》记载：

> 孔子读《易》至《损》《益》，未尝不愤然而叹，曰："益损者，其王者之事与！事或欲以利之，适足以害之；或欲害之，乃反以利之。利害之反，祸福之门户，不可不察也。"

孔子在读到《损》《益》两卦时说："是增加一些，还是减少一些，这大概讲的是治国的大事吧！人们做事的时候，有时目的是为了施恩利于别人，结果反而害了别人；有时目的是想伤害别人，结果反而有利于别人。"

我们先看好心做坏事的例子。《史记·楚世家》《吕氏春秋·权勋》等记载，周简王十一年（前575），晋与楚在鄢陵（今河南鄢陵）发生了一场争霸之战：

> 荆龚王（又作楚共王）与晋厉公战于鄢陵，荆师败，龚王伤。临战，司马子反渴而求饮，竖阳穀操黍酒而进之。子反叱曰："訾！退！酒也。"竖阳穀对曰："非酒也。"子反曰："亟退却也。"竖阳穀又曰："非酒也。"子反受而饮之。子反之为人也，嗜酒，甘而不能绝于口，以醉。战既罢，龚王欲复战而谋，使召司马子反。子反辞以心疾。龚王驾而往视之，入幄中，闻酒臭（酒味）而还，曰："今日之战，

不穀（楚王自称）亲伤，所恃者司马也。而司马又若此，是忘荆国之社稷而不恤吾众也。不穀无与复战矣。”于是罢师去之，斩司马子反以为戮。故竖阳穀之进酒也，非以醉子反也，其心以忠也，而适足以杀之，故曰：“小忠，大忠之贼也。”（《吕氏春秋·权勋》）

竖阳穀从心底是热爱自己的主人司马子反的，他知道子反嗜酒，于是就满足了子反这一嗜好，结果却置子反于死地。

我们再看坏心做了好事。《战国策·秦策一》记载，纵横家苏秦最初游说秦王时，奏章献了十数次也没有得到任何回应，黑貂做的皮衣也穿破了，黄金百斤也用光了，最后只好灰溜溜地离开秦国。他打着绑腿，穿着草鞋，挑着行李，身体瘦得像根干树棍，面色黑黢黢的，满面羞愧地回到家里。家人看到这位游子的狼狈相，其反应是：

妻不下纴（织布机），嫂不为炊，父母不与言。

正在织布的妻子看也不看他一眼，嫂子也不为他做饭，父母也不愿与他讲一句话。用苏秦自己的话讲，就是“妻不以我为夫，嫂不以我为叔，父母不以我为子”，可以说，全家人对这个不务正业的苏秦充满了蔑视与恶意。然而这种蔑视却激起了苏秦的斗志：“乃夜发书，陈箧（书箱）数十，得太公阴符之谋，伏而诵之，简练以为揣摩。读书欲睡，引锥自刺其股，血流至足。”“锥刺股”这一典故就出自苏秦。后来，苏秦游说成功，身挂六国相印，成为举足轻重的一代名人。可以说，家人的蔑视和恶意，是激励苏秦事业成功的重要因素之一。

何谓半满？《易》曰：“善不积，不足以成名；恶不积，不足以灭身①。”《书》曰②：“商罪贯盈③。”如贮物于器④，勤而积之，则满；懈而不积，则不满。此一说也⑤。

【注释】

①“善不积”四句：出自《周易·系辞下》。

②《书》:指《尚书》。儒家五经之一。

③商罪贯盈:商纣王已经是恶贯满盈。商,商朝。这里具体指商纣王。贯,穿钱的绳索。古人把一千个铜钱穿在一起,叫一贯。人们往往用"恶贯满盈"形容罪大恶极。本句出自《尚书·泰誓上》。

④器:容器。指盆、罐、箱、柜之类的器具。

⑤此一说也:这是对半满之善与圆满之善的一种解释。这种解释是从善行的多少这一角度阐释半满之善与圆满之善的含义,积善少叫半满之善,积善多叫圆满之善。

【译文】

什么叫半满的善与圆满的善呢?《周易》说:"如果不能不断地积累自己的善行,就无法成就自己的美名;如果不去不断地积累自己的恶行,就不会引来杀身之祸。"《尚书》也说:"商纣王恶贯满盈。"这就好比往容器里面装东西,只要勤奋地不断积累,总会有装满的一天;如果懈怠懒惰而不去积累,那么就永远也装不满。这是对半满之善与圆满之善的一种解释。

昔有某氏女入寺,欲施而无财,止有钱二文[①],捐而与之,主席者亲为忏悔[②]。及后入宫富贵,携数千金入寺舍之[③],主僧惟令其徒回向而已[④]。因问曰:"吾前施钱二文,汝亲为忏悔;今施数千金,而汝不回向,何也?"曰:"前者物虽薄,而施心甚真,非老僧亲忏,不足报德;今物虽厚,而施心不若前日之切,令人代忏足矣。"此千金为半,而二文为满也。

钟离授丹于吕祖[⑤],点铁为金[⑥],可以济世。吕问曰:"终变否?"曰:"五百年后,当复本质[⑦]。"吕曰:"如此则害五百年后人矣,吾不愿为也。"曰:"修仙要积三千功行[⑧],汝此一言，三千功行已满矣。”

此又一说也⑨。

【注释】

①二文：两枚铜钱。文，一枚铜钱叫一文。

②主席者：寺庙里的主事人，也即寺庙住持。亲为忏悔：亲自为她主持忏悔仪式。忏悔，在佛祖面前忏悔罪过以请求原谅。

③数千金：数千两银子。金，古代计算货币的单位。先秦时期，二十两（一说二十四两）黄金叫一金，汉代以一斤黄金为一金，再到后来，银一两也称一金。

④主僧：即前文提到的“主席者”。惟：仅仅。回向：佛教用语。将自己所修的功德、智慧，回头转给他人、众生，使大家都能够获取福报，进入庄严佛土。

⑤钟离：即钟离权，传说中的八仙之一。相传姓钟离，名权，字云房，据说他是汉代人，故又叫汉钟离。授丹：传授炼丹术。吕祖：即吕洞宾。八仙之一。相传为唐代京兆（今陕西西安）人，原名吕岩，字洞宾。传说咸通年间及第，曾任县令，后入终南山修道成仙。

⑥点铁为金：可以把铁转化为黄金。

⑦本质：本来属性。也即铁的属性。

⑧功行：功德与善行。

⑨此又一说也：这是对半满之善与圆满之善的另一种解释。袁了凡用某氏女与吕洞宾这两个故事说明，只要善行出自真诚，即使很小的善行，也是圆满之善，否则就是半满之善。

【译文】

从前，有某人家的女儿进入寺庙，想要施舍却没有钱财，手里只有两枚铜钱，于是她就把这两枚铜钱捐给了寺庙，寺庙住持亲自为她举办了忏悔仪式。到了后来，该女子进入皇宫，大富大贵，她再次携带数千两银子到该寺庙施舍，而寺庙住持仅仅让自己的徒弟为她举行了一场回向仪式而已。于是该女子就问住持："我以前仅仅施舍了两枚铜钱，您就亲自为我主持忏悔仪式；如今我施舍了数千两银子，而您却不为我主持回向仪式，这是为什么呢？"住持回答说："上一次您的施舍虽然很少，但您的施舍之心却非常虔诚，如果我这个老和尚不亲自为您主持忏悔仪式，就不足以报答您的恩德；如今您施舍的银两虽然很多，而您的施舍之心却不如上次诚恳，所以让别人替我主持忏悔仪式就足够了。"这就是说，如果缺乏诚意，即使施舍数千两银子也只能算是半满之善，有了诚意即使只施舍两枚铜钱也是圆满之善。

钟离权传授炼丹术给吕洞宾，能够把铁转化为黄金，可以用这些黄金来救助世人。吕洞宾问："由铁转化成的黄金还会变化吗？"钟离权回答："五百年以后，这种黄金还会恢复为铁。"吕洞宾说："这样的话，就害了五百年以后持有这种黄金的人，我不愿做这种事情。"钟离权说："修道成仙，必须要积累三千件功德，而你的这一句话，三千件功德就已经修满了。"

这是对半满之善与圆满之善的另一种解释。

又为善而心不著善①，则随所成就②，皆得圆满。心著于善，虽终身勤励③，止于半善而已。譬如以财济人，内不见己④，外不见人⑤，中不见所施之物，是谓三轮体空⑥，是谓一心清净，则斗粟可以种无涯之福⑦，一文可以消千劫之罪⑧。倘此心未忘⑨，虽黄金万镒⑩，福不满也。此又一说也⑪。

【注释】

①心不著善：心里不执著于自己是在行善。即行善时不要认为自己是在行善，且应不求回报。这实际就是前文说的"上仁""安

仁”。详见“评注”。

②随所成就：顺应着自己所遇到的情况去成就自己的善行。所，地方，环境。引申为情况。

③勤励：勤勉，努力。

④内不见己：对内没有感觉到自己是在行善。见，看见，感觉到。

⑤外不见人：对外没有感觉到别人是在接受自己的恩惠。

⑥是：这。三轮体空：指施恩惠于别人时所应有的态度。又称“三事皆空”“三轮清净”。“三轮”指施恩惠者、接受恩惠者、所布施的钱财这三件事。佛教的基本理论是“万法皆空”，在施恩惠时，要明白施恩惠者是“空”，这叫“施空”；接受恩惠者也是“空”，这叫“受空”；用来布施的钱财同样是“空”，这叫“施物空”。

⑦种无涯之福：种下无限的福报。无涯，无限。

⑧劫：“劫波”的简称。古印度的一种时间单位，佛教沿用之。古印度称天地一成一毁为“一劫”，常用来形容很长的时间。

⑨倘（tǎng）：如果，假使。此心未忘：心里不能忘记施惠于人这件事。

⑩镒（yì）：古代的重量单位。二十两为一镒。一说二十四两为一镒。

⑪此又一说也：这是对半满之善与圆满之善的又一种解释。这一解释认为，做了善事，而不要认为自己做了善事，更不求受惠者的回报，这就是圆满的善；否则，就只能算是不圆满的善。

【译文】

还有，做了善事不要认为自己做了善事，要顺应着所遇到的情况成就自己的善行，这样就能够做到圆满的善。如果心里总认为自己是在做善事，那么即使终身勤勉努力，也只能算是不够圆满的善而已。比如拿钱财去救助别人，对内要感觉不到自己是在施钱财于别人，对外也没有感觉到别人是在接受自己的钱财，其中也感觉不到所施与别人的钱财，这就叫“三轮体空”，这也叫“一心清净”，如此则一斗粮食就可以为自己带来无限的福报，一枚铜钱就可以消除千万劫以来所犯下的罪孽。如果念念不忘自己施与别人的恩惠，那么即使施舍了万镒黄金，依然得不到圆满的福报。这是对半满之善与圆满之善的又一种解释。

【评注】

关于本段所说的不执著思想，可以参见本书第一篇“立命之学”中对“于持中不持，于不持中持”的“评注”。另外我们要补充的是，袁了凡的这一主张主要来自佛教，但与老庄、孔子思想也非常吻合。老庄提出的“上仁”“大仁”，孔子提倡的“安仁”，就是要求人们做了善事，而不要认为自己做了善事，更不求回报。对于那些做了善事而念念不忘、要求别人回报的行为，庄子同样给予严厉的批判。《庄子·列御寇》说：

> 施于人而不忘，非天布也，商贾不齿，虽以事齿之，神者弗齿。

庄子说：“施恩惠与别人而不忘别人的回报，这种行为不符合大自然无私布施的原则，连商人都瞧不起这种人，即使有事必须与这种人交往，但心里还是鄙视他们。”庄子的观点与佛教、袁了凡的观点完全一致。

何谓大小？昔卫仲达为馆职①，被摄至冥司②，主者命吏呈善恶二录③。比至④，则恶录盈庭，其善录一轴⑤，仅如箸而已⑥。索秤称之⑦，则盈庭者反轻，而如箸者反重。仲达曰：“某年未四十，安得过恶如是多乎⑧？”曰：“一念不正即是⑨，不待犯也⑩。”因问轴中所书何事，曰：“朝廷尝兴大工⑪，修三山石桥⑫，君上疏谏之⑬，此疏稿也⑭。”仲达曰：“某虽言，朝廷不从，于事无补，而能有如是之力？”曰：“朝廷虽不从，君之一念，已在万民；向使听从⑮，善力更大矣。”故志在天下国家，则善虽少而大；苟在一身⑯，虽多亦小。

【注释】

①卫仲达：传说为宋朝秀州华亭（今浙江嘉兴）人，官至吏部尚书。

本段故事见于宋代洪迈的《夷坚志》,该书本为志怪小说性质,不可认真。馆职:唐宋时期,人们把在昭文馆、史馆、集贤院等官署里担任修撰、编校等事务的官员统称为馆职。

②摄:逮捕,押送到。冥司:阴间的官府。

③主者:主持审判灵魂的阴间官员。吏:衙役。呈:献上。善恶二录:关于卫仲达的善恶行为的记录。

④比至:等到把记录拿来。比,及,等到。

⑤一轴:一个卷轴。即一小卷纸。

⑥箸(zhù):筷子。

⑦索:寻找,找来。

⑧安得:怎么能够。安,怎么。如是:如此。是,此。

⑨一念不正即是:只要一个念头不好,就是罪过。

⑩不待犯也:不必等到把这些罪恶念头付诸行动。犯,指实际行动犯了错误。

⑪尝:曾经。大工:大的工程。

⑫三山石桥:古代叫三山的地方非常多,不知三山石桥的详细地址在何处。另外,《宋史·徽宗本纪三》记载朝廷曾修三山河桥,这是一座黄河浮桥,不详是否同一桥梁。

⑬上疏谏之:上奏章于皇上以劝阻此事。疏,臣下给皇上的奏议。

⑭疏稿:上疏的稿本。

⑮向:过去,那时。

⑯苟:如果。

【译文】

什么叫大善与小善呢?从前卫仲达担任馆职的时候,他的灵魂被押解到了阴间的官府,主审官员命令手下官吏把记录卫仲达善恶的簿册呈献上来。等到簿册拿来时,记录恶行的簿册堆满了庭院,而记录善行的仅仅只有一卷纸,而且这卷纸细得就像一根筷子一样。找来秤称了一下各自的重量，结果满庭院的簿册反而轻一些，而如同筷子粗细的那卷纸反而重一些。卫仲达奇怪地问道："我的年龄还不到四十岁，怎么会犯下这么多的过失与罪恶呢？"主审官员回答说："一个念头不好就是罪恶，不必等到付诸行动了才算是罪恶。"接着卫仲达询问这卷纸里记录的是什么事情，主审官员回答："朝廷曾经要大兴土木工程，想修建三山石桥，您上奏章给皇上劝阻这件事情，这卷纸就是奏章的稿本。"卫仲达说："我虽然劝阻了，但朝廷并没有听从我的劝阻，对此事没有起到任何作用，怎么能够有这么大的功德呢？"主审官员回答："朝廷虽然没有听从您的劝阻，但您的这一念头，已经是在为万民着想了；如果那时朝廷听从了您的劝阻，行善的功德就更大了。"因此只要自己的志向是在为天下、国家着想，那么即使很少的善行，也会是很大的功德；如果只是为自己着想，即使有很多的善行，也只有很小的功德。

何谓难易？先儒谓克己须从难克处克将去[①]。夫子论为仁[②]，亦曰先难[③]。必如江西舒翁[④]，舍二年仅得之束脩[⑤]，代偿官银[⑥]，而全人夫妇[⑦]；与邯郸张翁[⑧]，舍十年所积之钱，代完赎银[⑨]，而活人妻子[⑩]：皆所谓难舍处能舍也。如镇江靳翁[⑪]，虽年老无子，不忍以幼女为妾，而还之邻[⑫]，此难忍处能忍也[⑬]。故天降之福亦厚。凡有财有势者，其立德皆易，易而不为，是为自暴[⑭]。贫贱作福皆难[⑮]，难而能为，斯可贵耳[⑯]。

【注释】

①先儒：泛指包括孔子在内的古代儒家圣贤。克己：克制自己的欲望。克将去：克制掉自己的欲望。

②夫子：指孔子。

③亦曰先难：也说要先从难处着手。《论语·雍也》："樊迟问知，子曰：'务民之义，敬鬼神而远之，可谓知矣。'问仁，曰：'仁者先难而后获，可谓仁矣。'"

④江西：地名。即今江西。舒翁：舒老先生。

⑤束脩（xiū）：十条干肉。这是古人相互赠送的一种薄礼。束，每十条干肉叫一束。脩，干肉。后人多用"束脩"代指弟子给老师的报酬。《论语·述而》："子曰：'自行束脩以上，吾未尝无诲焉。'"

⑥官银：官府的税银。

⑦全人夫妇：保全了一对夫妻不被拆散。如果欠官税不缴，妻子很可能会被卖掉缴税。

⑧邯郸：地名。在今河北邯郸。

⑨代完赎银：替别人交了赎金。

⑩活：救活，拯救。妻子：妻子儿女。子，指儿女。

⑪镇江：地名。在今江苏镇江。

⑫还之邻：把她交还给邻居。清人赵吉士《寄园寄所寄》卷二对这一故事记载较为详细："镇江靳翁，逾五十无子，训蒙（教书）于金坛。其夫人鬻钗梳（卖掉首饰），买邻女为侍妾。翁以冬至归家，夫人置酒于房，以邻女侍，告翁曰：'吾老，不能生育，此女颇良，买为妾，或可延靳门之嗣。'翁颊赤俯首（红着脸低着头），夫人谓己在而翁赧（害羞）也，遂出而反扃其户（把门从外面关上）。乃翁继起，户已闭，遂逾窗而出，告夫人曰：'汝用心良厚，不特我感汝，我祖考亦感汝矣！但此女幼时，吾尝提抱之，恒愿其嫁而得所（希望她嫁个好人家），吾老又多病，不可以辱。'遂怜而还其女。逾年，夫人自受妊（怀孕），生贵，十七岁发解（考中举人），明年登第，为贤宰相。"

⑬难忍处能忍：能够忍受那些难以忍受的事情。详见"评注"。

⑭自暴：自暴自弃。暴，糟蹋，伤害。《孟子·离娄上》："孟子曰：'自

暴者，不可与有言也；自弃者，不可与有为也。言非礼义，谓之自暴也；吾身不能居仁由义，谓之自弃也。'”

⑮贫贱作福皆难：贫贱之人要想行善修福都是很难的。因为贫贱之人能力有限，所以想做点好事就很难。

⑯斯：就。

【译文】

什么叫很难做到的善和容易做到的善呢？从前的儒家圣贤就说过，克制自我欲望要从最难克制的地方做起。孔子在讨论仁德的时候，也说要从最难处着手。一定要像江西的舒老先生那样，拿出两年所得的教书报酬，代别人缴了官税，保全了一对夫妻不被拆散；也要像邯郸张老先生那样，拿出十年所积累的钱财，代别人缴了赎银，而拯救了别人的妻子儿女。这些就是我们所说的能够割舍掉那些难以割舍的东西。还比如镇江的靳老先生，他虽然年老无子，但也不忍心娶幼女为妾，而是把幼女送还给邻家，这就是能够忍受那些难以忍受的事情。因此上天为他们降下的福祉也就深厚。凡是有财有势的人，他们要想行善立德都很容易，很容易的事情却不去做，那就是自暴自弃了。贫贱之人要想行善修福就很难，能够去做很难做的事情，那就更加难能可贵了。

【评注】

本段主张“难忍处能忍”，人生在世，需要“忍”的地方很多，而且对为人处世也很重要，因此我们就谈谈古人对“忍”的看法。古人认为“忍”是一种美德，也是事业成功的关键，《晋书·朱伺列传》记载：

> （杨）珉又问：“将军前后击贼，何以每得胜邪？”（朱）伺曰：“两敌共对，惟当忍之。彼不能忍，我能忍，是以胜耳。”

晋代将军朱伺之所以能够每战必胜，就在于他能够在极为困难的情况下，再忍耐一下子。

在与人交往时，“忍”更多的是体现在忍辱方面。儒、释、道都主张“忍”，孔子说过：“小不忍则乱大谋。”（《论语·卫灵公》）《庄子·让王》

说："强力忍垢（努力地忍受羞辱）。"佛教更是把"忍"视为成佛的前提条件之一。《大般涅槃经》卷二十七说：

雪山有草，名为忍辱，牛若食者，则出醍醐（酥乳）。

牛如果以忍辱草为食，就能泌出香甜可口的醍醐；人如果具有忍辱精神，自然能够干出一番事业。佛教把忍辱视为僧人的最可贵的品质之一，他们甚至把僧衣叫"忍辱铠"：

浊劫恶世中，多有诸恐怖，恶鬼入其身，骂詈毁辱我。我等敬信佛，当著忍辱铠。（《法华经·劝持品》）

后来，人们就把袈裟叫"忍辱铠"或"忍辱衣"。如梁简文帝《谢赍纳袈裟启》说："蒙赍郁金泥细纳袈裟一缘，忍辱之铠，安施九种。"江总《摄山栖霞寺碑》说："整忍辱之衣，入安禅之室。"

在中国历史上，能忍小而谋大的典型例子应属韩信。《史记·淮阴侯列传》记载：

淮阴屠中少年有侮信者，曰："若虽长大（你虽然身材魁梧），好带刀剑，中情怯耳（内心胆小怕事）。"众辱之曰："信能死，刺我；不能死，出我袴下。"于是信孰视之，俯出袴下，蒲伏（趴在地上）。一市人皆笑信，以为怯。……（功成名就后）信至国……召辱己之少年令出胯下者，以为楚中尉。告诸将相曰："此壮士也。方辱我时，我宁不能杀之邪？杀之无名，故忍而就于此。"

韩信的大度能忍，不仅表现在他能够忍受胯下之辱，同时也体现在他成功之后对待这位"屠中少年"的宽容态度上。与韩信同为汉初"三杰"的张良也是一位能够忍辱的人。《史记·留侯世家》记载：

良尝闲从容步游下邳圯（桥）上，有一老父，衣褐，至良所，直堕其履圯下，顾谓良曰："孺子，下取履！"良鄂然，欲殴之。为其老，强忍，下取履。父曰："履我（把鞋给我穿上）！"良业为取履，因长跪履之。父以足受，笑而去。良殊大惊，随目之。父去里所，复还，曰："孺子可教矣。后五日平明，与我会此。"良因怪之，跪曰："诺。"五日平明，良往。父已先在，怒曰："与老人期，后，何也？"去，曰："后五日早会。"五日鸡鸣，良往。父又先在，复怒曰："后，何也？"去，曰："后五日复早来。"五日，良夜未半往。有顷，父亦来，喜曰："当如是。"出一编书，曰："读此则为王者师矣。后十年兴。十三年见我济北，穀城山下黄石即我矣。"遂去，无他言，不复见。旦日视其书，乃《太公兵法》也。

老人看见张良过来，故意把自己的鞋子掉在桥下，然后让张良下去为自己拾鞋。当张良把鞋子拾上来以后，老人不仅没有一句感谢的话，反而又伸出双脚让张良为他穿上。在后来约会时，又三番五次地责怪张良，而这一切，张良全都忍受住了。要知道，张良是韩国宰相之后（张良的祖父和父亲都担任过韩国宰相），是一位敢于狙击秦始皇于博浪沙中的豪俊少年。但他还是忍住了，这一忍，成就了一生的辉煌事业。张良和韩信，一文一武，都是靠"忍"字而成就了自己的丰功伟业。

不仅做大事需要"忍"，在处理日常小事时也需要"忍"，《独异志》卷中记载了这么一件事：

唐初，张公艺九世同堂。高宗东封，过其家，问之何以致然，公艺执笔，唯书百余"忍"字，余无他言。遂旌表其门。

唐代初年，张公艺一家九世同堂。唐高宗到东边封禅泰山时，顺便去看望他们，询问张公艺是如何做到九世同堂的，张公艺用笔一连书写了一百多个"忍"字，别的什么也没有说。能够把九代人团聚在一起的就是一个"忍"字，可见"忍"的魔力之大。唐玄宗的时候，有一位大臣叫王守和的，也善于"忍"，《开元天宝遗事》卷下记载：

光禄卿王守和，未尝与人有争，尝于案几间大书"忍"字，至于帏幌之属，以绣画为之。明皇知其姓字，非时引对，问曰："卿名守和，已知不争，好书'忍'字，尤见用心。"奏曰："臣闻坚而必断，刚则必折，万事之中，'忍'字为上。"帝曰："善。"赐帛以旌之。

王守和把"忍"置于万事之上，看作最为可贵的品质，并且得到了皇上的认可。这种说法虽然未必完全正确，但不是全无道理。

在中国的词典中，有“唾面自干”一词。这个词最早出现于《尚书大传·大战》中：“骂女（汝）毋叹，唾女毋干。”挨了别人的骂，连叹息声都不要发出一声；被别人吐了唾沫，连擦也不要擦。后来，真的有人遵循了这一原则。《新唐书·娄师德列传》记载：

> （娄师德）其弟守代州，辞之官，教之耐事。弟曰：“人有唾面，洁之而已。”师德曰：“未也，洁之，是违其怒。正使自干耳。”

别人吐到了自己的脸上，连擦也不能去擦，因为那样做也是违背了对方的意愿，要让唾沫自己风干。这种精神与“右脸挨了打，把左脸也送上”的精神相比毫不逊色。“唾面自干”的处世原则虽然不适合处理敌我矛盾，但在处理内部矛盾时还是可以借鉴的。

不仅个人行事要忍，国家行事也要忍。当然，国家的忍也还是由个人体现出来。刘邦去世后，寡居的吕后成为汉王朝的实际统治者。这时，逐渐强大的匈奴冒顿单于竟然派人给吕后送来了这样一封求爱信：

> 陛下独立，孤偾（单于自称）独居。两主不乐，无以自虞（娱乐）。愿以所有，易（交换）其所无。（《汉书·匈奴传》）

冒顿异想天开，认为吕后无夫，自己无妻，便想和吕后互通有无，结为夫妇。对于这一羞辱，吕后十分恼火，当即要兴师问罪。后来在大臣们的劝告下，吕后咽下了这口气，客客气气写了一封回信：“单于不忘敝邑，赐之以书，敝邑恐惧。退日自图，年老气衰，发齿堕落，行步失度，单于过听，不足以自污。”吕后说自己已是年老体弱，发脱齿落，已经不适合再嫁，总算把这件事应付过去。吕后用自己的含羞忍辱，换来了百姓的休养生息，换来了汉朝的日益强大。

可以说，“难忍处能忍”，是处理好与他人关系的法宝，也是获取他人宽容的主要途径。在复杂的社会生活中，如果大家都具备一些这种精神，就会其乐融融，皆大欢喜。

随缘济众[1]，其类至繁[2]，约言其纲[3]，大约有十：第一，与人为善[4]；第二，爱敬存心；第三，成人之美[5]；第四，劝人为善；第五，救人危急；第六，兴建大利；第七，舍财作福；第八，护持正法[6]；第九，敬重尊长；第十，爱惜物命。

【注释】

①随缘：随顺机缘，顺应着环境、情况。

②其类：指行善的种类、事情。

③纲：主要内容，主要的种类。

④与人为善：帮助别人去做好事。与，帮助。

⑤成人之美：帮助成全别人的好事。

⑥护持正法：爱护、持守包括佛法在内的所有正确原则。

【译文】

顺应着机缘去救助大众，救助的方式方法非常繁多，这里简单地谈谈其主要内容，大约有十类：第一，帮助别人行善；第二，对人要心存爱敬；第三，帮助成就别人的好事；第四，要劝导别人行善；第五，救人于危难之中；第六，去做成有利于民众的大事；第七，拿出钱财去行善修福；第八，爱护、持守包括佛法在内的所有正确原则；第九，要敬重尊者与长者；第十，要爱惜万物的生命。

何谓与人为善？昔舜在雷泽[1]，见渔者皆取深潭厚泽[2]，而老弱则渔于急流浅滩之中，恻然哀之[3]，往而渔焉。见争者，皆匿其过而不谈[4]；见有让者，则揄扬而取法之[5]。期年[6]，皆以深潭厚泽相让矣。夫以舜之明哲[7]，岂不能出一言教众人哉？乃不以言教而以身转之[8]，此良工苦心也[9]！

吾辈处末世[10]，勿以己之长而盖人[11]，勿以己之善而形人[12]，勿以己之多能而困人。收敛才智[13]，若无若虚[14]，见人过失，且涵容而掩覆之[15]，一则令其可改，一则令其有所顾忌而不敢纵。见人有微长可取、小善可录[16]，翻然舍己而从之[17]，且为艳称而广述之[18]。凡日用间[19]，发一言，行一事，全不为自己起念，全是为物立则[20]，此大人天下为公之度也[21]。

【注释】

①舜：传说中的圣王。雷泽：古泽名。在今山东菏泽东北，已淤。舜在雷泽的时候，还没有接受尧的禅让，还不是天子的身份。

②深潭厚泽：指水深的地方。水深则鱼多。

③恻然哀之：同情这些捕鱼者。恻然，同情的样子。舜既同情抢占有利位置的渔民缺乏美好的谦让之德，更同情年老体弱者生活的艰辛。

④匿其过：为他们隐藏过错。

⑤揄（yú）扬：表扬，赞扬。取法：效法，学习。

⑥期（jī）年：一整年。

⑦明哲：聪明，懂道理。

⑧以身转之：用以身作则的方法去转变人们的思想行为。也即用自己的实际行动去教育民众，而不是用语言进行教育。这也就是《道德经》第二章讲的“圣人……行不言之教”。

⑨良工：技术高超的工匠。比喻舜能够像良工那样善于改造民众的思想品行。

⑩末世：指社会风气不好的当今时代。

⑪盖人：压制别人。盖，压倒，压制。

⑫形人：反衬出别人的恶行。形，对比，反衬。

⑬收敛才智：不要炫耀自己的才智。

⑭若无若虚：就好像一无所有。

⑮涵容：包容。掩覆之：替他们遮盖错误。

⑯微长：很小的长处。可录：可取，值得学习。

⑰翻然：改变态度的样子。舍己：舍弃自己的意见。从之：听从他们的意见。

⑱艳称：赞美。广述之：广泛地宣扬他们的优点。

⑲日用间：日常生活之中。

⑳为物立则：为万物树立典范。物，万物，这里主要指人。

㉑大人：伟人，圣贤。天下为公：天下是公众的天下，因此天子之位，传贤而不传子。“天下为公”与大同社会紧密地联系在一起，在中国历史上产生了巨大影响，其出处及含义详见“评注”。

【译文】

什么叫帮助别人行善呢？从前舜在雷泽的时候，看到那里的渔民都去抢占水深鱼多的地方打鱼，而年老体弱的渔民就只能在水流湍急和水浅的地方打鱼，舜非常同情他们，于是也到那里去打鱼。他看到那些争抢有利位置的人，便替他们掩饰错误而从不谈起；看到那些能够让出有利位置的人，就赞扬他们、效法他们。一年之后，渔民们都把水深鱼多的地方谦让给别人。凭借着舜的聪明才智，难道他就不能说句话去教导这些渔民吗？他却没有使用语言教育，而是用以身作则的方式去改变人们的思想行为，这就是舜的良苦用心啊！

我们这些人生活在世风日下的当今社会里，不可用自己的长处去压制别人，也不可拿自己的善良去反衬别人的过错，更不要用自己的才智去为难别人。收敛自己的才智，就好像自己一无所有，看到别人的过失，一定要包容并且替他们遮掩，这样做一是为了让他们有一个改正的机会，二是为了让他们有所顾忌而不敢放纵自我。看到别人有一点点长处可取、一点点小善值得学习，那就要改变、舍弃自己的想法而听从他们的意见，并且还要对他们大加赞扬、广为宣传。凡是在日常生活之中，讲一句话，做一件事，都不要为自己着想，而是要为人们树立典范，这就是那些伟人能够做到天下为公的气度啊。

【评注】

“天下为公”“大同”“小康”是我们耳熟能详的概念，而且这些概念之间存在着密不可分的联系。这些概念出自《礼记·礼运》：

> 孔子曰：“大道之行也（指传说中的美好时代），与三代之英（指夏、商、周三代圣王在位的时代），丘未之逮也（我没有赶上），而有志焉。
>
> “大道之行也，天下为公，选贤与能，讲信修睦。故人不独亲其亲，不独子其子，使老有所终，壮有所用，幼有所长，矜（年老无妻者）、寡、孤、独、废、疾者，皆有所养。男有分（职业），女有归（适时嫁人）。货恶其弃于地也，不必藏于己；力恶其不出于身也，不必为己。是故谋闭而不兴（不用计谋），盗窃乱贼而不作，故外户而不闭。是谓大同。
>
> “今大道既隐，天下为家（天下为一家所有），各亲其亲，各子其子，货力为己，大人世及（贵族世袭）以为礼，城郭沟池以为固，礼义以为纪。以正君臣，以笃父子，以睦兄弟，以和夫妇，以设制度，以立田里。以贤勇、知，以功为己。故谋用是作，而兵由此起。禹、汤、文、武、成王、周公，由此其选（杰出者）也。此六君子者，未有不谨于礼者也。以著其义，以考其信，著有过，刑仁（以仁爱为原则）讲让，示民有常（常规）。如有不由此者，在埶者去（有权势者，就剥夺其权势），众以为殃。是谓小康。”

孔子认为，在传说中的美好时代，如尧、舜禅让时代，人们把天下视为民众的天下，因此天子之位不会私自交给子孙，而是由贤人继承。那时人人平等，大公无私，社会充满了祥和美满的气象。这就是大同社会。到了夏、商、周的圣王在位的时候，天下则成了一家一姓的天下，其社会生活虽然已经不如大同社会，但人们还能够按照礼制做事；虽然也出现了争斗现象，但大致还能保持安定的社会秩序。这就是小康社会。

通过这段文字，我们基本上就明白了“天下为公”“大同”“小康”的基本含义，这对于理解近现代的一些政治主张是大有裨益的。

何谓爱敬存心？君子与小人，就形迹观①，常易相混，惟一点存心处，则善恶悬绝②，判然如黑白之相反③。故曰：“君子所以异于人者，以其存心也④。”君子所存之心，只是爱人敬人之心。盖人有亲疏贵贱，有智愚、贤不肖⑤，万品不齐⑥，皆吾同胞，皆吾一体⑦，孰非当敬爱者？爱敬众人，即是爱敬圣贤⑧；能通众人之志⑨，即是通圣贤之志。何者？圣贤之志，本欲斯世斯人⑩，各得其所。吾合爱合敬⑪，而安一世之人，即是为圣贤而安之也。

【注释】

①形迹：表面现象。

②悬绝：悬殊极大。

③判然：区别得清清楚楚的样子。判，区别，分辨。

④君子所以异于人者，以其存心也：君子之所以与众人不同，就在于他们的用心不同。这两句出自《孟子·离娄下》：“孟子曰：‘君子所以异于人者，以其存心也。君子以仁存心，以礼存心。仁者爱人，有礼者敬人。爱人者，人恒爱之；敬人者，人恒敬之。’”

⑤不肖：品行不好。

⑥万品：万类，各种各样。

⑦一体：同体，同类。

⑧爱敬众人，即是爱敬圣贤：既然众人与圣贤是同胞，是一体，那么

爱敬众人，自然也就是爱敬圣贤。另外，道家有“万物一齐”思想，佛教有“不分别”主张，那么众人也就是圣贤，同时袁了凡的这一主张也体现了儒家一视同仁的思想。

⑨通：通晓，明白。志：意愿。

⑩斯世斯人：这个社会里的这些人。斯，这。

⑪合：都，全部。

【译文】

什么叫对人要心存爱敬呢？君子与小人，如果从他们的表面言行来看，常常容易相互混淆，如果从他们的一点用心处去观察，那么他们的善恶差别就极大了，其差别清楚明白得就如同黑色与白色那样截然相反。所以说：“君子之所以与众人不同，就在于他们的用心不同。”君子所用之心，只是爱人、敬人之心。人有亲近与疏远、高贵与低贱之分，还有聪明与愚笨、贤良与不肖之别，虽然人们各种各样皆不相同，但都是我们的同胞，都是我们的同类，哪一个人不值得我们去尊敬他、爱护他呢？爱护、尊敬众人，就是爱护、尊敬圣贤；能够明白众人的意愿，也就是明白了圣贤的意愿。为什么这样说呢？因为圣贤的意愿，本来就是想让这个社会里的所有人，都能够各得其所。我们去爱护、尊敬所有的人，使整个社会的人们都能够过上安定祥和的日子，这就是替圣贤让他们过上了安定祥和的日子。

【评注】

本段认为“君子与小人，就形迹观，常易相混，惟一点存心处，则善恶悬绝，判然如黑白之相反”，这一观点可以用《韩非子·说林上》所举的例子予以印证：

田伯鼎好士而存其君，白公好士而乱荆。其好士则同，其所以为则异。公孙友自刖而尊百里，竖刁自宫而謟桓公。其自刑则同，其所以自刑之为则异。惠子曰：“狂者东走，逐者亦东走。其东走则同，其所以东走之为则异。”故曰：“同事之人，不可不审察也。”

田伯鼎礼贤下士是为了拥戴君主，白公礼贤下士却是为了篡夺君位；公孙友砍掉自己脚的目的是为了向君主举荐贤臣百里奚，竖刁自我阉割却是为了欺骗自己的君主齐桓公。韩非接着引惠施的话说："疯子向东奔跑，追赶他的人也向东奔跑。他们同样都是向东奔跑，但他们向东奔跑的目的却不一样。"因此说："对于做同样事情的人，不可以不仔细审察他们各自的动机。"这种情况在日常生活中也非常常见，两个年轻人一起走向公交车的后排座位，一个是为了逃避给后上车的老人让座，一个是为了方便后上车的人。两个人的行为是一样的，但动机却有善恶不同。

正因为如此，袁了凡在这里强调鉴别一个人的善恶，主要看此人的"存心"如何，这一观点可以说与许多中外哲人的看法是一致的。

以德国的康德和英国的李德为代表，认为作为理性存在的人应该按照善良的意志和绝对命令去做事，而不必去考虑做事的结果，动机的好坏是评价善恶的唯一标准。这一观点也就是中国古人说的"论心不论事"。

早在先秦时期，儒家就主张以"存心"为标准去量刑，《盐铁论·刑德》对此总结说："故《春秋》之治狱，论心定罪。志善而违于法者免，志恶而合于法者诛。"小说《包龙图判百家公案》卷七也说："大凡做好人只要心田为主，若不论心田，专论财帛，穷人没处积德了。心田若好，一文不舍，不害其为善；心田不好，日舍万文钱，不掩其为恶。"

我们基本赞同"论心不论事"这一原则，但人心难知，要想"论心"，有时候又必须从"论事"入手，因此我们也并不完全否认"论事不论心"的合理之处。据《椒生随笔》卷六说，阴曹地府的大门上有这样一副对联：

百善孝为先，论心不论事，论事世间无孝子。

万恶淫为首，论事不论心，论心天下少完人。

评价一个人是否孝敬，要"论心不论事"，如果要求子女对父母的奉养处处周全，天下就没有孝子了；评价一个人是否淫荡，则要"论事不论心"，如果见了美女连一点爱意都不许产生，那么天下就没有贞操完美的人了。从这副对联不难看出古人的宽容与可爱。

何谓成人之美？玉之在石①，抵掷则瓦砾②，追琢则圭璋③。故凡见人行一善事，或其人志可取而资可进④，皆须诱掖而成就之⑤。或为之奖借⑥，或为之维持⑦，或为白其诬而分其谤⑧，务使成立而后已⑨。

大抵人各恶其非类⑩，乡人之善者少，不善者多。善人在俗⑪，亦难自立。且豪杰铮铮⑫，不甚修形迹⑬，多易指摘⑭。故善事常易败，而善人常得谤。惟仁人长者，匡直而辅翼之⑮，其功德最宏⑯。

【注释】

①玉之在石：美玉藏在石头里。

②抵（zhǐ）掷则瓦砾（lì）：被人们踢来扔去，与破瓦碎石无异。抵，通“扺”。扔，掷。砾，小石头，碎石块。

③追琢：雕琢，琢磨。追，通“雕”。雕琢玉石。圭璋（guī zhāng）：两种贵重的玉制礼器。圭，古代帝王、诸侯举行隆重仪式时所用的玉制礼器。长条形，上尖下方。璋，一种玉制礼器，形状像半个圭。

④资可进：资质有进一步发展的潜力。

⑤诱掖（yè）：诱导扶助。掖，用手扶着别人胳膊。引申为帮助、扶持。

⑥奖借：奖励，赞美。借，推重，赞美。《正字通·人部》：“借，推奖也。”

⑦维持：维护，保护。

⑧白其诬：为他辩解所受的诬陷。白，解说，辩解。分其谤：为他分担批评。关于分谤的例子：“韩献子将斩人。郤献子驾，将救之，

至，则既斩之矣。郤献子请以徇，其仆曰：‘子不将救之乎？’献子曰：‘敢不分谤乎！’”（《国语·晋语五》）晋国大夫韩献子要处死一个没有死罪的人，郤献子听说后急忙乘车前去营救，到了以后，发现人已经被处死了，郤献子就要求把此人的尸体拿去示众。郤献子的仆人就问他：“您急忙赶来，不是要营救这个人的吗？”郤献子回答：“我岂敢不与韩献子一起分担大家的批评啊？”这就是“分谤”。

⑨务：务必。成立：成功，成就。

⑩大抵：大致。恶（wù）其非类：讨厌那些与自己不同的人。

⑪在俗：生活在世俗社会中。

⑫铮铮（zhēng）：坚贞、刚强的样子。

⑬不甚修形迹：不太修边幅，不太注意一些表面细节。

⑭指摘：指责，批评。

⑮匡直：匡正，纠正。辅翼：帮助。

⑯宏：大。

【译文】

什么叫帮助成就别人的好事呢？当美玉藏在石头里的时候，这块石头被人们踢来扔去，就像破瓦碎石一样；如果加以雕琢，就会变为贵重的玉器圭璋。因此当我们看到有人做了一件善事，或者此人的志向有可取之处，资质具有发展潜力，那么就需要诱导帮助而使他有所成就。或者对他进行奖励、赞美，或者对他进行保护，或者为他辩解所受的诬陷，为他分担所受的批评，务必使他有所成就才罢手。

大致上人们都讨厌与自己不同的人，乡里人善良的少，而不善良的多。善良的人生活在世俗社会里，也很难立足。再加上那些豪杰本来就刚正不阿，不太注意一些表面细节，因此容易受到世人的指责。因此做善事常常容易失败，而善良的人也常常会受到批评。只有那些仁人、长者，才能够纠正人们的言行并帮助他们成功，这种功德是最大的功德。

【评注】

东汉晚期的大名士郭太（一作郭泰）就是一位善于成人之美的人。据《后汉书·郭太列传》记载，有一次郭太出门，看到几位种地的农夫跑到树下避雨，这些农夫大多是随意地蹲坐在地上，而只有四十多岁的茅容面容恭敬地端坐在那里。郭太看到后觉得茅容不同于常人，就与他聊天，随后提出要在他家住一晚的要求。到了第二天早上，茅容杀鸡做饭，郭太还以为这是为自己准备的。到了吃饭时，才知道鸡肉是为茅容的母亲准备的，而茅容本人则与郭太一起吃蔬菜。郭太看到这一情景，更为感动，于是就起身礼拜说："您真是一位贤人啊！"郭太就劝告茅容读书学习。在郭太的支持、帮助下，茅容也成了德才兼备的一代名士。

何谓劝人为善？生为人类，孰无良心[①]？世路役役[②]，最易没溺[③]。凡与人相处，当方便提撕[④]，开其迷惑。譬犹长夜大梦，而令之一觉[⑤]；譬犹久陷烦恼，而拔之清凉[⑥]。为惠最溥[⑦]。韩愈云[⑧]："一时劝人以口，百世劝人以书[⑨]。"较之与人为善[⑩]，虽有形迹[⑪]，然对症发药，时有奇效，不可废也。失言失人[⑫]，当反吾智[⑬]。

【注释】

①良心：指天生的善良本性。也即《三字经》所说的"人之初，性本善"。

②世路：社会之路，社会生活。役役：四处奔走、劳作不息的样子。一说是奔走钻营的样子。

③没（mò）溺：沉溺。指沉溺于名利之中而失去良心。

④方便：随机行事。提撕（xī）：扯拉，提引。这里引申为提醒。

⑤觉（jué）：醒，醒悟。

⑥清凉：清净，没有烦恼。

⑦为惠最溥（pǔ）：这种做法的恩惠最为广博。溥，广大，普遍。

⑧韩愈：人名。韩愈（768—824）字退之，唐代邓州南阳（今河南南阳）人，自称“郡望昌黎”，世称“韩昌黎”。唐代著名的文学家、思想家、哲学家。贞元八年（792）进士，先后任节度推官、监察御史、中书舍人、吏部侍郎等职。谥号“文”，故称“韩文公”。有《韩昌黎集》传世。

⑨百世：形容久远。世，一代人叫一世，三十年也叫一世。

⑩较之与人为善：这种做法与舜帮助别人做好事相比。较，比较。

⑪虽有形迹：虽然行迹外露。舜不用语言教育民众，而是以自身行为潜移默化之，“劝人为善”则是直接用语言教育民众，所以说这是一种“有行迹”的教育方法。

⑫失言失人：对不该规劝的人进行规劝，叫“失言”；对应该规劝的人却没有规劝，叫“失人”。《论语·卫灵公》：“子曰：‘可与言而不与之言，失人；不可与言而与之言，失言。知者不失人，亦不失言。’”孔子的意思是：“可以同他谈谈知心话，却不同他谈，这是错过了一位知音；不可以同他谈知心话，却同他谈了，这就是讲了不应该讲的话。有智慧的人既不错过知音，也不讲不应该讲的话。”

⑬当反吾智：就应该反省自己的智慧是否有问题。反，反省。

【译文】

什么叫劝导别人行善呢？我们生而为人，哪一个没有天生的善良之心呢？然而人们在人世间为了生活而四处奔波，最容易沉溺于名利的泥淖之中而失去良心。大凡与人交往时，应当随机行事、予以提醒，解除他们的迷惑。这就好比面对那些沉睡于漫漫长夜的梦中之人，要让他们觉醒过来；还好比面对长期陷入烦恼之中的人，要清除他们的烦恼而使之进入清净舒适的境界。这些做法的恩惠最为广博。韩愈曾经说过：“用嘴巴去劝导别人,作用只在一时;用写书的方式去劝导别人,可以影响百世。”用语言劝人这种做法与舜帮助别人做好事相比,虽说行迹有些外露,然而却能够对症下药,时时会产生奇效,这种语言劝人的方法不可废除啊。如果出现对不该规劝的人进行规劝而对应该规劝的人却没有规劝的情况,那就应该反省一下自己的智力是否有问题。

【评注】

关于如何劝人为善,孔子与子路的一段对话值得我们借鉴。子路在未入孔门时,经常打架斗殴,是个典型的地痞形象。《论衡·率性》描写子路早年的模样说:

> 世称子路无恒之庸人,未入孔门时,戴鸡佩豚,勇猛无礼,闻诵读之声,摇鸡奋豚,扬唇吻之音,聒贤圣之耳,恶至甚也。

子路性格强悍,所以他头戴公鸡状的帽子,腰佩公猪的尾巴,以示有勇。他甚至站在教室门口,摇着公鸡状的帽子,摆着腰间的公猪尾巴,大声鼓噪,羞辱孔子,让孔子师生无法读书,简直就是一个流氓。在这种情况下,孔子与他有一段对话:

> 孔子谓子路曰:“汝何好?”子路曰:“好长剑。”孔子曰:“非此之问也,谓以汝之所能,加之以学,岂可及哉!”……子路曰:“南山有竹,弗揉自直,斩而射之,通于犀革,又何学为乎?”孔子曰:“括而羽之,镞而砥砺之,其入不益深乎?”子路拜曰:“敬受教哉!”(《说苑·建本》)

子路开始不愿意接受孔子的教育,认为自己的材质就像南山的竹子一样,不用揉制而自然笔直,用它做成竹箭,可以穿透犀牛皮制成的甲衣。孔子教导他说:“如果在竹箭的末端加上箭羽,在竹箭的前端加上锋利的箭镞,这支竹箭岂不是射得更远、更准、更深吗?”就是在孔子的循循善诱之下,子路拜孔子为师。也正是在孔子的劝导下,子路这位“无恒之庸人”也能够附骥尾而致千里,成为万世敬仰的圣贤。

何谓救人危急？患难颠沛[①]，人所时有。偶一遇之，当如痌瘝之在身[②]，速为解救。或以一言伸其屈抑[③]，或以多方济其颠连[④]。崔子曰[⑤]："惠不在大，赴人之急可也[⑥]。"盖仁人之言哉！

【注释】

①颠沛：生活艰难，四处流浪。

②痌瘝（tōng guān）：病痛，疾病。

③以一言伸其屈抑：用语言帮助他申诉冤情。

④多方：多种方法，各种方法。颠连：困苦。

⑤崔子：即明代学者崔铣（1478—1541），字子钟。安阳（今河南安阳）人。弘治十八年（1505）进士，先后任翰林院编修、南京礼部右侍郎等职。著有《洹词》《读易余言》《易大象说》等书。

⑥赴人之急可也：能够救助人于急难之中就可以了。

【译文】

什么叫救人于危难之中呢？遭遇灾难、颠沛流离，这是人们常常会遇到的事情。偶然遇到有人处于困境之中，就好像自身患上病痛一样，要尽快去解救他。或者用语言去为他申诉冤情，或者用各种方法去解救他的困苦。崔先生说："恩惠不在于大小，只要能够解救别人的危难就行。"这是仁人的言论啊！

【评注】

"惠不在大，赴人之急可也"的例子，在古代多得数不胜数，我们仅举一例：

晋侯饮赵盾酒，伏甲将攻之。……初，宣子田于首山，舍于翳桑，见灵辄饿，问其病。曰："不食三日矣。"食之，舍其半。问之，曰："宦三年矣，未知母之存否，今近焉，请以遗之。"使尽之，而为之箪食与肉，寘诸橐以与之。既而与为公介，倒戟以御公徒，而免之。问何故，对曰："翳桑之饿人也。"问其名居，不告而退，遂自亡也。(《左传·宣公二年》)

在灵辄快要饿死的时候，赵国贤臣赵盾（又称赵宣子）曾经施与他一顿饭，还送了一些饭菜给灵辄的母亲，后来灵辄在晋灵公身边当了卫士。当晋灵公要攻杀赵盾时，时为灵公卫士的灵辄反戈而击，救了赵盾一命。一顿饭的恩惠不大，却是在灵辄处于死亡边缘时获取的，因此灵辄甘愿为一顿饭的恩惠，而冒着生命危险去报答自己的恩人。

何谓兴建大利？小而一乡之内，大而一邑之中①，凡有利益，最宜兴建。或开渠导水，或筑堤防患；或修桥梁，以便行旅；或施茶饭，以济饥渴。随缘劝导②，协力兴修，勿避嫌疑，勿辞劳怨③。

【注释】

①邑：古代县的别称。理解为城镇亦可。

②劝导：此指劝导人们去做有益的事情。

③勿辞劳怨：不要害怕劳累与人们的抱怨。

【译文】

什么叫去做有利于民众的大事呢？小至一乡之内，大至一县之中，凡是有利于民众的事情，就最应该去做。或者是挖渠引水，或者是修筑堤坝防备水患；或者是修建桥梁，以方便行人；或者是施舍茶饭，以救助饥渴之人。要顺应着不同情况去劝导民众，要求大家齐心协力地去做有益的事情，既不用躲避什么嫌疑，也不要害怕劳累与人们的抱怨。

何谓舍财作福？释门万行①，以布施为先②。所谓布施者，只是"舍"之一字耳。达者内舍六根③，外舍六尘④，一切所有，无不舍者。苟非能然[5]，先从财上布施。世人以衣食为命，故财为最重。吾从而舍之，内以破吾之悭[6]，外以济人之急。始而勉强，终则泰然[7]，最可以荡涤私情[8]，祛除执吝[9]。

【注释】

①释门：佛教。佛教为释迦牟尼所创立，故称"释门"。万行：各种各样的善行。

②布施：音译为"檀那"，意译为"布施"。布施分为三种：一是财施，用自己的财物去救济穷苦无告之人；二是法施，用佛教正法去劝人断恶行善；三是无畏施，用自己大无畏的精神去帮助人们去除恐怖心理。

③达者：智慧通达的人。六根：佛教用语。眼、耳、鼻、舌、身、意合称为"六根"或"六情"，是指人的六种感觉器官，也是人与外界交往的六个通道。前五根分别指眼、耳、鼻、舌、身（指身体接触）这些器官及其认识能力，"意"指思维器官及其认识能力。

④六尘：佛教用语。色、声、香、味、触、法合称"六尘"，又叫"六贼""六境"。这六类事物是由眼、耳、鼻、舌、身、意"六根"所感觉、认识的六种外部事物，因为这六种事物能够像尘土一样污染人的情识，因此被称为"六尘"或"六贼"。色，指所有的物质事物，为"眼根"所感觉的对象；声，指所有的声音，为"耳根"所感觉的对象；香，指所有的气味，分好香、恶香等等，为"鼻根"所感觉的对象；味，指甜、酸、苦、辣等各种味道，为"舌根"所感觉的对象；触，指冷暖、软硬、细滑等各种感觉，为"身根"所感觉的对象；法，作为"六境"之一的"法"，指除了上述"五境"之外的、所有能够为心所想象的事物，是"意根"所感觉的对象。

⑤苟非能然：如果做不到这些。苟，如果。然，这些。指“一切所有，无不舍者”。

⑥破：破除，清除。悭（qiān）：吝啬，小气。

⑦泰然：自然、安心的样子。

⑧荡涤：清扫，清除。

⑨祛（qū）除执吝：去除执著贪婪之心。祛，清除。执，执著。吝，吝啬，贪婪。

【译文】

什么叫拿出钱财去行善修福呢？佛教提出了各种各样的善行，其中以布施最为重要。所谓的布施，只是“舍”这么一个字而已。智慧通达的人对内能够施舍眼、耳、鼻、舌、身、意这“六根”，对外能够施舍色、声、香、味、触、法这“六尘”，自己所有的一切，没有不能施舍的。如果做不到这些，那就先从钱财上开始施舍。世人依靠衣食维持生命，因此钱财最为重要。而我们就从这里开始施舍，这样做对内可以破除自己的吝啬之心，对外可以救助别人的危难。开始这样做的时候可能会有些勉强，最终就会变得自然而然，施舍钱财最有助于清扫自私之情，也最有助于除掉执著、贪婪之心。

何谓护持正法？法者，万世生灵之眼目也[①]。不有正法，何以参赞天地[②]？何以裁成万物[③]？何以脱尘离缚[④]？何以经世、出世[⑤]？故凡见圣贤庙貌、经书典籍[⑥]，皆当敬重而修饬之[⑦]。至于举扬正法[⑧]，上报佛恩，尤当勉励。

【注释】

①生灵：这里主要指人。

②何以：即“以何”。凭什么，怎么能够。参赞天地：参与并协助天

地养育万物。赞，赞助，协助。

③裁成万物：剪裁、成就万物。

④脱尘离缚：脱离尘世的束缚。

⑤经世：治理国家。经，经营，治理。出世：超越于尘世之外，即隐居或出家。

⑥庙貌：庙堂里供奉的圣贤形象。庙，既包括世俗社会里的庙堂，也包括佛教的寺庙、道教的道观。

⑦修饬（chì）：修缮整理。饬，整顿，整理。

⑧举扬：宣扬，弘扬。

【译文】

什么叫爱护、持守包括佛法在内的所有正确原则呢？正确的原则，是千万年以来人们的眼睛。如果没有正确的原则，怎么能够参与并协助天地养育万物呢？怎么能够剪裁、成就万物呢？怎么能够脱离尘世的束缚呢？怎么能够治理国家或者走出尘世呢？因此凡是看到庙堂里的圣贤形象、经书与典籍，都应该予以敬重并加以修缮整理。至于弘扬正确的原则，上报佛祖的恩德这些事情，我们尤其应该努力去做。

何谓敬重尊长？家之父兄，国之君长，与凡年高、德高、位高、识高者[①]，皆当加意奉事[②]。在家而奉侍父母，使深爱婉容[③]，柔声下气[④]，习以成性[⑤]，便是和气格天之本[⑥]。出而事君[⑦]，行一事，毋谓君不知而自恣也[⑧]；刑一人，毋谓君不知而作威也[⑨]。事君如天，古人格论[⑩]，此等处最关阴德[⑪]。试看忠孝之家，子孙未有不绵远而昌盛者[⑫]，切须慎之。

【注释】

①识高者：见识很高的人。

②加意:用心。奉事:侍奉。

③深爱:深深地爱着父母。婉容:态度柔和恭顺。婉,顺从,温和。容,表情,态度。《礼记·祭义》:“孝子之有深爱者,必有和气;有和气者,必有愉色;有愉色者,必有婉容。”

④下气:态度恭顺。

⑤习以成性:习以为常,慢慢就融入本性之中。也就是人们常说的“习惯成自然”。

⑥便是和气格天之本:这就是和气能够感动上天的根本原因。格,达到,感通。

⑦出:出仕。理解为“在外面”亦可。

⑧毋谓:不要认为。谓,说,认为。自恣:恣意妄为。

⑨作威:独揽威权。《尚书·洪范》:“惟辟(君主)作福,惟辟作威,惟辟玉食,臣无有作福、作威、玉食。臣之有作福、作威、玉食,其害于而家,凶于而国。”

⑩格论:格言,至理名言。

⑪此等处:指上文说的孝于父母、忠于君主等事情。最关阴德:与阴德的联系最为密切。关,关联,联系。

⑫绵远:连绵不绝,传家悠远。

【译文】

什么叫敬重尊者与长者呢?家里的父亲与兄长,国家的君主与官员,以及所有年龄大、品德好、职位高、见识广的人,我们都应该对他们用心侍奉。在家里侍奉父母时,要深深地热爱他们,在他们面前和颜悦色,说话柔和,态度恭顺,还要把这些行为养成习惯而化为本性,这就是和气能够感通上天的根本原因所在。出仕之后事奉君主时,每做一件事情,都不要认为君主不知道而恣意妄为;每惩罚一个人,都不要认为君主不知道就去擅耍威权。事奉君主就如同事奉上天一样,这些就是古人的至理名言,孝敬父母、忠于君主这些事情与阴德的关系最为密切。试看那些忠孝之家，他们的子孙没有不连绵不绝而繁荣昌盛的，所以一定要谨慎小心地去做好这些事情。

【评注】

关于对待父母与君主的态度，孔子的主张与袁了凡十分相似，录以备考。在孝顺父母的问题上，《论语·为政》记载了孔子的两段话：

> 子游问孝，子曰："今之孝者，是谓能养。至于犬马，皆能有养；不敬，何以别乎？"
>
> 子夏问孝，子曰："色难。有事，弟子服其劳；有酒食，先生馔，曾是以为孝乎？"

弟子子游请教孝道，孔子回答说："现在所说的孝，就是能够养活父母。至于犬马，人们都能够去养活它们；如果不敬爱父母，那么养活父母与养活犬马又有什么区别呢？"弟子子夏请教孝道，孔子回答说："（在父母面前）保持和颜悦色是件难事。有了事情，年轻人去承担劳苦；有了酒食，年长者享用，这难道就能够算是孝吗？"孝敬父母，关键不仅仅在于让父母吃好穿好，而在于"爱敬"二字。

在忠于君主的问题上，孔子也讲了一条非常重要的原则：

> 子路问事君，子曰："勿欺也，而犯之。"（《论语·宪问》）

孔子认为，对待君主，可以当面批评他，但千万不能欺骗他。欺骗与批评是两种性质完全不同的行为，当面批评君主，虽然可能使君主一时难以接受，但事后会感觉到臣下的好意；而欺骗则完全是一种敌对、玩弄的态度，就连普通人也难以容忍。

何谓爱惜物命？凡人之所以为人者，惟此恻隐之心而已[①]；求仁者求此，积德者积此。《周礼》[②]："孟春之月[③]，牺牲毋用牝[④]。"孟子谓："君子远庖厨[⑤]。"所以全吾恻隐之心也[⑥]。故前辈有四不食之戒，谓闻杀不食[⑦]，见杀不食，自养者不食，专为我杀者不食。学者未能断肉[⑧]，且当从此戒之。

渐渐增进[9]，慈心愈长。不特杀生当戒[10]，蠢动含灵[11]，皆为物命。求丝煮茧，锄地杀虫，念衣食之由来[12]，皆杀彼以自活[13]。故暴殄之孽[14]，当与杀生等。至于手所误伤，足所误践者[15]，不知其几[16]，皆当委曲防之[17]。古诗云："爱鼠常留饭，怜蛾不点灯[18]。"何其仁也！

【注释】

①恻隐：怜悯，同情。

②《周礼》：书名。原名《周官》，又称《周官经》，是儒家十三经之一，主要记载了西周时期的官制与礼制。但由于其中的记载与西周的制度多不相符，故学界认为其为后人伪作。《周礼》与《仪礼》《礼记》合称"三礼"。

③孟春：春天的第一个月，初春。古人用孟（也叫伯）、仲、叔、季为兄弟排序，后来也用于月份排序。如孟春、仲春、季春等等。

④牺牲：古代用来祭祀的牲畜。牝（pìn）：雌性的鸟兽，与"牡"相对。

⑤君子远庖（páo）厨：君子要远离厨房。庖，厨房。《孟子·梁惠王上》："君子之于禽兽也，见其生，不忍见其死；闻其声，不忍食其肉。是以君子远庖厨也。"

⑥所以：……的办法。

⑦闻杀不食：听到宰杀牲畜的声音就不要再去吃这些牲畜的肉。

⑧学者：初学修善的人。

⑨渐渐增进：循序渐进，一步步提高。

⑩不特：不仅。

⑪蠢动：小虫子蠕动的样子。这里代指各种小虫子。蠢，小虫子慢慢爬动。

⑫衣食之由来：衣食的来源。袁了凡认为，衣服来自"求丝煮茧"，

食物来自“锄地杀虫”，这些都是伤害生灵的行为。

⑬杀彼：杀死那些生灵。自活：养活自我。

⑭暴殄（tiǎn）：残害。暴，损害。殄，伤害，灭绝。孽：罪孽。

⑮践：踩踏。

⑯不知其几：不知道有多少。

⑰委曲：小心谨慎，想方设法。

⑱怜蛾不点灯：因为爱惜飞蛾的生命而不点灯。怜，爱。飞蛾有扑火的习性。苏东坡《次韵定慧钦长老见寄八首》：“为鼠常留饭，怜蛾不点灯。”

【译文】

什么叫爱惜万物的生命呢？大凡人之所以能够称之为人的原因，就在于人还有一颗同情之心而已；求取仁爱的人就是求取这颗同情之心，积累美德的人就是积累这颗同情之心。《周礼》说：“初春季节，不要用雌性的鸟兽做祭品。”孟子也说：“君子应该远离厨房。”这都是用来保全人们同情之心的方法啊。因此前辈就有“四不食”的戒律，就是说听到宰杀声音的不要去吃，看到宰杀场面的不要去吃，自己养的动物不要去吃，专门为自己宰杀的不要去吃。初学行善的人不能突然之间断绝肉食，就姑且先从这“四不食”做起。然后循序渐进，让仁慈之心一天天地变得深厚起来。不仅要戒掉杀生恶习，即使那些慢慢蠕动的小虫子也都有灵性，都属于有生命的生物。人们为了求取蚕丝而烹煮蚕茧，为了锄草种地而杀死许多土中的小虫子，想想人们衣食的来源，都是杀死别的生命以养活我们自己。因此残害这些小生命的罪孽，应该说与我们主动杀生的罪孽是相同的。至于我们手下所误伤的小虫，脚下所误踩的生灵，还不知道有多少，我们都应该想方设法地防止出现这种情况。古诗说：“爱鼠常留饭，怜蛾不点灯。”这是多么的仁慈啊！

【评注】

人类究竟是应该杀生还是应该惜生，这是一个争论了数千年而至今依然纠缠不清的问题，这里就简单地梳理一下不同的观点与行为。

人人都有惜生之情，但人们爱吃肉的习惯又往往需要其他生灵献出生命，这就使惜生之情与杀生之实形成了无法调和的矛盾。一些学派在理论上较好地解决了这一问题，而多数文人却始终徘徊在二者之间，左顾右盼，无所适从。

一、宰杀其他生灵天经地义。

不少人认为人是万物之灵，人首圆象形天圆，人足方象形地方；人有大骨节十二，天有十二月；人有小骨节三百六十六，天有三百六十六日；人有五脏，天有五行；人有四肢，天有四时……总之，人是天的副本，在万物之中最为高贵。因此上天在生人时，还为人安排了他们所需的“营养”——物和义，物以养其身，义以养其心。因此，人取万物而食天经地义。《吕氏春秋·爱类》则从另一角度支持这一观点：

> 仁于他物，不仁于人，不得为仁；不仁于他物，独仁于人，犹若为仁。仁也者，仁乎其类者也。

只要爱护自己同类，就可以为仁了，不必去爱护其他生灵。

古代也有禁杀令，但这些禁杀令的颁布并非为了爱惜生灵。比如《吕氏春秋·孟春纪》规定：“孟春之月……无覆巢，无杀孩虫胎夭飞鸟。”但这一规定的目的不是为了爱惜鸟兽，而是想让它们生多一点，长大一点，以便为人们提供更多的食物。《孟子·梁惠王上》对此说得更清楚：“数罟不入洿池，鱼鳖不可胜食也。”这种保护异类的目的类似今天的保护野生动物——爱异类是手段，爱自己才是目的。袁枚有一首《鸡》诗：

> 养鸡纵鸡食，鸡肥乃烹之。主人计自佳，不可使鸡知。

养鸡人让鸡吃饱喝足，目的不是为了鸡，而是为了自己。诗人还一本正经地告诫人们：这一秘密千万不要让鸡知道了！他在《爱物说》中更详细地说明这一道理：“然则孟子称‘数罟不入洿池’……奈何？曰：此非爱物，正所以爱人也。惧鱼之不繁，将不足于食。”

二、爱惜生灵功德无量。

与以上主张相对立的是无条件地爱护生命。庄子就认为在最美满的社会里，不仅人与人之间互不相害，就连人与禽兽之间也能相安无事："禽兽成群，草木遂长。是故禽兽可系而游，乌鹊之巢可攀援而窥。夫至德之世，同与禽兽居，族与万物并。"(《庄子·马蹄》)

最为惜生者当属佛教了。佛教有五戒之说：不杀生，不偷盗，不邪淫，不妄语，不饮酒食肉。首尾两戒都涉及不杀生的问题。那么为什么不杀异类呢？纪昀《阅微草堂笔记》卷二十一记载：

> 有一老僧过屠市，泫然泪下。或讶之。曰："其说长矣。吾能记两世事：吾初世为屠人，年三十余死，魂为数人执缚去。冥官责以杀业至重，押赴转轮受恶报。觉恍惚迷离，如醉如梦，惟脑热不可忍。忽似清凉，则已在豕（猪）栏矣。……比受戮时……屠人先剚刃于喉，摇撼摆拨，泻血盆盎中。其苦非口所能道，求死不得，惟有长号。血尽始刺心，大痛，遂不能作声，渐恍惚迷离，如醉如梦，如初转生时。良久稍醒，自视已为人形矣。"

这个故事告诉我们：人就是猪，猪就是人。生灵在五道之中轮回，惜生即可成人，杀生即可成猪，人猪之间并没有明显界限。面对香气四溢的猪肉，一旦把它同人肉联系起来，谁还能举箸下咽呢？因此，对待生灵，我们不仅不应该伤害它们，反而应该为它们多做好事。据说，释迦牟尼佛的前身在修行时，曾经以身饲虎，表现出了崇高的自我牺牲精神。但以身饲虎的损失毕竟太大，而且恩泽面也不太宽，所以后人想出更为妥善的办法：

> 释法恭……以敝衲聚蚤虱，常披以饴之。(《高僧传》卷十二)

一件僧衲里不知能容纳多少跳蚤虱子，用自己的血肉喂养蚤虱的办法可以说是损失少，施恩多，自己的功德自然也就大。

佛门弟子劝告众生爱护生灵，使惜生思想产生了极大影响，甚至连一些至高无上的皇帝也不敢或不愿伤害一个小小的生灵。《东坡志林》

卷二说：

皇帝陛下（宋真宗）仁孝发于天性，每行见昆虫蝼蚁，违而过之，且敕左右勿践履，此亦仁术也！

一些书生在此基础之上又有新的发挥：不仅爱惜禽兽的生命，甚至还爱惜植物的生命。《南史·孝义列传上》记载：

江泌……性行仁义，衣敝虱多，绵裹置壁上。恐虱饥死，乃复置衣中。……食菜不食心，以其有生意，唯食老叶而已。

爱护生灵，无论从哪一种意义上讲，都值得赞扬。但问题是，一味惜生往往会同人们的生活需求发生冲突，那么又该如何解决这一冲突呢？

三、古人对戒杀与好味矛盾的解决方法。

不少人信佛，信佛就不能杀生，不杀生就没有肉吃；如果没有肉吃，这对人的好味天性也是一个不小的戕害。对于这些文人来说，最好的办法是既能满足自己惜生的心理要求（古人主张论心不论事），又能满足自己的口腹之需。中国文人聪明如斯，他们终于找到了解决这一难题的办法，且不止一种。

（一）孟子：君子远庖厨也。

首位试图解决这一矛盾的是孟子。那时，是否惜生还没同人的轮回报应联系起来。孟子提倡惜生，主要还是一种道德自觉。孟子主张“老吾老，以及人之老；幼吾幼，以及人之幼”（《孟子·梁惠王上》）的推恩法，如此一步步地把自己的恩德推广开去，最后自然会达到禽兽身上；孟子还反过来通过观察君主是否爱护禽兽，来推断他是否有能力施行仁政。但孟子同时又认为：“口之于味也……性也。”（《孟子·尽心下》）承认喜欢美食是人的天性。那么如何解决惜生与吃肉之间的矛盾呢？他说：

君子之于禽兽也，见其生，不忍见其死；闻其声，不忍食其肉，是以君子远庖厨也。（《孟子·梁惠王上》）

既想吃肉、又想惜生的君子最好远离厨房，以免看见禽兽生前活蹦乱跳的样子，听见它们临死前痛苦的号叫声。由于这一解决办法太简单，于是有人批评孟子虚伪。

（二）沈约：写忏悔文。

想做到绝对不杀生，几乎不可能。我们可以不伤害其他生灵，但其他生灵要来伤害我们时又该怎么办？按照佛理，那就听之任之，甚至还应该主动去接受这种伤害。但对于世人，即使他信仰佛教，在突如其来的攻击面前，也很难做到心平气和，甚至会出现发自本能的反抗。反抗就意味着杀生，面对这种意外杀生，信佛者又该怎么办呢？那就写忏悔文。沈约在《忏悔文》中说，无论是天上飞的，地上走的，还是水中游的生灵，都应加以保护，而自己却伤害了不少：

又暑月寝卧，蚊虻噆肤，忿之于心，应之于手，岁所歼殒，略盈万计，手因怒运，命因手倾，为杀之道，事无不足。迄至于今，犹未顿免。

这种忏悔对于已经被自己"手因怒运"而拍死的蚊子来说毫无意义，但可以使自己在心理上寻到某种安慰。

（三）僧人：以新瓶装旧酒。

改换名称，把吃肉叫"吃素"，这是解决矛盾的又一办法。苏东坡《东坡志林》卷二《僧文荤菜食名》说：

僧谓酒为"般若汤"，谓鱼为"水梭花"，鸡为"钻篱菜"，竟无所益，但自欺而已，世常笑之。

为了解决口腹之欲，有少数佛门弟子把酒叫"般若汤"，把鱼叫"水梭花"，把鸡叫"钻篱菜"。这种现象看似好笑，其实它反映出社会中普遍存在的一种现象：改换一下名称，以自欺欺人。

（四）苏东坡：集解决矛盾方法之大成者。

苏东坡是位美食家，他对猪肉极有研究，专门写了一首《猪肉颂》：

净洗铛，少著水，柴头罨烟焰不起。待他自熟莫催他，火候足时他自美。黄州好猪肉，价贱如泥土。贵者不肯吃，贫者不解煮。早晨起来打两碗，饱得自家君莫管。

苏东坡煮肉得法,后人依此制作,逐渐形成了中国肴馔中著名的东坡肉。对于这样一位美食家,要想用道德说教和宗教禁忌让他不吃肉,实在太难。但苏东坡毕竟是古今第一聪慧之人,其才智又远在常人之上,他自有解决妙法。

第一种方法是吃死物之肉。

苏东坡《书〈南史·卢度传〉》说,他从小就爱惜生灵,但因好味,仍不免时时杀生。后因"乌台诗案"下狱,几不免死,感到自己当时的处境"不异鸡鸭之在庖厨"。他从自己对死亡痛苦的感受中,联想到其他生灵的死亡痛苦,于是便决意不再杀生,别人送给他的蟹蛤,也都放生了。但他吃肉的天性并没有因此而改变,于是他就专吃"死物"。陶宗仪《说郛》卷七记载了苏东坡的一段话:

> 某昨日买十鸠,中有四活即放之,余者幸作一杯羹。今日吾家常膳,买鱼数斤以水养之,活者放而救渠命,殪者烹而悦我口。虽腥膻之欲,未能尽断,且一时从权尔。

苏东坡把鸠、鱼养起来,活的放掉,死的自食,这和杀生也差不了许多。所以即使吃死物,依然是忧心忡忡。

第二种方法是为那些被吃掉的生灵诵经念佛,超度它们早入天堂。

苏东坡后半生过得越来越难,对死亡的感受也越来越强烈。在他被流放期间,感到"去死地稍近",为挽狂澜于即倒,便效法钱塘和尚寿禅师放生,希望"于此证阿罗汉果"(《寿禅师放生》)。于是他就把母亲留下的簪饰全部用来买生灵放生。有一次,苏东坡看到侍妾朝云把虱子掐死了,就对她大加斥责,并为虱子辩护:"是汝体气感召而生者,不可罪彼,要当拾而放之可也。"(《善诱文》)在苏东坡看来,虱子咬人,怪人而不怪虱子,因为是人自身生出虱子来让它们叮咬自己的。苏东坡爱虱子,却不爱比虱子个头大得多的鸡。这是因为虱子不能做成美味,而鸡却是他不可或缺的一道佳肴,袁中道《书〈戒杀文〉后》说:

> 东坡学佛,而口馋不能戒肉。至惠州,尤终日杀鸡,既甘其味,

又虞致罪，故每月为转两日经，救拔当月所杀鸡命。

苏东坡一边吃鸡，一边为所吃的鸡做佛事，既不耽误鸡的升天，也不耽误自己成佛，同时也满足了自己的口腹之需，实不失为一石三鸟的聪明之举。

第三种办法是用“世无不杀之鸡”这一借口来安慰自己。

袁中道《书〈戒杀文〉后》说苏东坡吃鸡的另一个理由是“世无不杀之鸡，均为一死”。既然鸡生来就是要被杀掉的，那么无论谁杀也就无关紧要了，而且自己杀了，既可免别人多费一事，也可免别人多造一罪孽。如此想来，自己杀鸡也不失为一件功德无量的善举。

第四种方法尤为狡黠，用佛理来为自己吃肉作辩护。

苏东坡有一篇《禅戏颂》，用禅师的“不执著”来证明自己吃肉不仅不是破戒，而且是超悟佛理的一种表现：

已熟之肉，无复活理。投在东坡无碍羹釜中，有何不可？问天下禅和子，且道是肉是素，吃得是吃不得是？大奇大奇，一碗羹，勘破天下禅和子。

佛教要求人们对万物不加分别，禅宗在这一理论基础之上，重点突出“不执著”。于是苏东坡就问：放在我碗中的这些肉，究竟是肉呢？还是素呢？对于禅宗的人来说，无论说它是肉还是素，都是一种分别、执著的表现，应该说它既是肉也是素，既不是肉也不是素。既然肉和素没有分别，那么吃肉和吃素也就没有差别了，于是吃肉也就等于吃素了。更何况这些已经做熟的肉不可能有再生的道理，把这些无再生之理的熟肉放在自己的不执著（无碍）的锅碗中吃掉，那有何不可！

其实，即使终身不吃肉，也很难彻底贯彻不杀生原则。杜甫就遇到这样一个难题，这个难题仍然是出在鸡的身上，不过不是因为吃鸡，而是因为养鸡。他在《缚鸡行》中说：

小奴缚鸡向市卖，鸡被缚急相喧争。家中厌鸡食虫蚁，不知卖鸡还遭烹。虫鸡于人何厚薄，吾叱奴人解其缚。鸡虫得失无了时，注目寒江倚山阁。

把鸡养在家里，鸡吃虫蚁，这是杀生；把鸡卖了，鸡又会被别人吃掉，同样也是杀生。思来想去，很难找到一个两全之法。聪明的大诗人也只能感叹一声“鸡虫得失无了时”，然后“王顾左右而言他”，去依山阁、看寒江去了。

善行无穷，不能殚述①。由此十事而推广之，则万德可备矣②。

【注释】

①不能殚（dān）述：无法一一全部论述。殚，完全，全部。

②万德：各种各样的美德。

【译文】

善良的行为无穷无尽，我们无法一一全部予以论述。可以从以上十类善行推广开去，那么各种美德也就能具备了。

第四篇　谦德之效

【题解】

谦德之效，具有谦虚品德的效应。谦虚是各种美德之一，而袁了凡专列一篇阐述谦虚之德，可见作者对这一问题的重视。袁了凡开篇就引用《周易》与《尚书》的格言，说明谦虚的益处；接着一连讲述了五个故事，用事实证明"满招损，谦受益"的道理；最后强调，求取功名福祉的主动权完全掌握在自己手中，只要自己能够立定志向，时时保持谦虚，处处与人方便，就一定能够得到上天的福佑，就一定能够获取科举功名。

《易》曰："天道亏盈而益谦①，地道变盈而流谦②，鬼神害盈而福谦③，人道恶盈而好谦④。"是故《谦》之一卦⑤，六爻皆吉⑥。《书》曰："满招损，谦受益⑦。"予屡同诸公应试，每见寒士将达⑧，必有一段谦光可掬⑨。

【注释】

①亏盈而益谦：减损自满、傲慢的而补益谦虚的。亏，亏损，减少。盈，盈满。比喻傲慢、自满。益，增加，补充。按，以下四句话出自《周易·谦卦·彖》。

②变：改变。引申为减损。流：流入，补充。

③福：赐福。

④恶（wù）：讨厌。

⑤《谦》：《周易》六十四卦之一，主要内容是讲述谦虚之德。

⑥六爻（yáo）：六个爻辞。爻，组成八卦的长短横道，即“—”和“--”。“—”是阳爻，“--”是阴爻。每卦由六个爻组成，每爻都有爻辞。

⑦满招损，谦受益：自满、傲慢就会招来损失，谦虚谨慎就会获取益处。这两句出自《尚书·大禹谟》。

⑧寒士：贫寒的读书人。达：发达，显贵。

⑨谦光：谦虚的光彩，谦虚的美德。可掬：可以用手捧住，这里形容谦虚之情特别明显。

【译文】

《周易》说：“上天的运行规律是减少自满的而补益谦虚的，大地的运行规律是减损自满的而补充谦虚的，鬼神的行事原则是损害自满的而赐福谦虚的，人们的行事原则是讨厌自满的而喜欢谦虚的。”因此《谦卦》这一卦，它的六个爻辞都是吉祥的。《尚书》也说：“自满傲慢就会招来损失，谦虚谨慎就会获取益处。”我多次与各位先生一起去参加科举考试，每次看到那些贫寒的读书人将要飞黄腾达之时，一定会有一种非常谦虚的美德表现出来。

【评注】

傲慢自夸，目中无人，可以说是人生大忌。这种行为不仅会阻碍自身的进一步提升，也会招来别人的厌恶乃至憎恨，关于这一点，《庄子·山木》举了一个十分典型的例子：

阳子之宋，宿于逆旅。逆旅人有妾二人，其一人美，其一人恶（丑），恶者贵而美者贱。阳子问其故，逆旅小子对曰：“其美者自美，吾不知其美也；其恶者自恶，吾不知其恶也。”阳子曰：“弟子记之！

行贤而去自贤之行，安往而不爱哉？”

阳子就是因为主张“拔一毛而利天下，不为也”(《孟子·尽心上》)而被孟子批评为“无君”的著名思想家杨朱。杨朱在去宋国途中，住在一家旅店里，他发现旅店主人有两位妻子，一位长得很美，一位长得很丑，长相丑陋的那位妻子在家里地位尊贵，而长相美丽的妻子反而地位低贱。阳子甚感不解，店主人回答说：“那个容貌美丽的总是喜欢自我吹嘘，时间久了，我就一点也不觉得她美；那个长相丑陋的总是自我谦虚，时间久了，我一点也不觉得她丑。”为自己长相美丽而自傲的美女，妥妥地把自己由美女“自傲”成了一个惹人厌恶的丑女。所以杨朱感慨地对自己的弟子说：“你们一定要记住这件事！做了贤良的事，但一定要去掉自以为贤良的言行，这样到哪里会不受爱戴呢？”

文人相轻也是傲慢的一种典型病症，有些文人得一佳句，悟一常理，就会手舞足蹈，自以为天下第一，结果反而害了他们一生。唐末著名诗人罗隐就是其中一例：

> 黄寇事平，朝贤议欲召之。韦贻范沮之曰：“某曾与之同舟而载，虽未相识，舟人告云：‘此有朝官。’罗曰：‘是何朝官！我脚夹笔，亦可以敌得数辈。’必若登科通籍，吾徒为秕糠也。”由是不果召。(《北梦琐言》卷六)

黄巢叛军被平息后，朝廷原打算召罗隐进京为官，结果曾任唐朝宰相的韦贻范给大臣们讲了这么一件事：“有一次我与罗隐同舟，彼此虽不认识，但船工告诉他船上有朝廷大臣，罗隐回答：‘什么朝廷大臣！我用脚指头夹着笔写文章，也抵得过他们许多人！’”目中无人的结果是罗隐失去了一次施展政治抱负的机会，弄得他在妓女云英面前也抬不起头来：“我未成名卿未嫁，可见俱是不如人。”(何光远《鉴戒录》卷八)

辛未计偕[①]，我嘉善同袍凡十人[②]，惟丁敬宇宾[③]，年最少，极其谦虚。予告费锦坡曰[④]：“此兄今年必第。”费曰：

"何以见之?"予曰:"惟谦受福。兄看十人中,有恂恂款款、不敢先人[⑤],如敬宇者乎?有恭敬顺承、小心谦畏[⑥],如敬宇者乎?有受侮不答、闻谤不辩[⑦],如敬宇者乎?人能如此,即天地鬼神,犹将佑之,岂有不发者[⑧]?"及开榜,丁果中式[⑨]。

【注释】

①辛未:即1571年。计偕:指举人赴京应试。计,官名。指计吏,考察人才的官员。偕,一起。"计偕"原指被考察的人才与计吏一同进京入太学学习:"太常择民年十八已上,仪状端正者,补博士弟子。郡国县道邑有好文学,敬长上,肃政教,顺乡里,出入不悖所闻者,令相长丞上属所二千石,二千石谨察可者,当与计偕,诣太常,得受业如弟子。"(《史记·儒林列传》)后来就用"计偕"一词指举人进京应试。

②嘉善:地名。在今浙江嘉善。袁了凡祖籍吴江(今江苏苏州吴江区),其祖父袁祥入赘到嘉善殳家,袁了凡出生于此,因而也自称嘉善人。同袍:原指战友,这里泛指同乡、同学、朋友等等。《诗经·秦风·无衣》:"岂曰无衣?与子同袍。王于兴师,修我戈矛,与子同仇。"袍,这里指战士穿的战袍。

③丁敬宇宾:即丁宾(1543—1633)。字敬宇,又字礼原,号改亭。嘉善人。隆庆五年(1571)进士。先后任句容知县、御史、南京右佥都御史、南京工部尚书等职,后累加至太子太保。

④费锦坡:人名。生平不详。

⑤恂恂(xún):恭谨的样子。《论语·乡党》:"孔子于乡党,恂恂如也,似不能言者。"款款:诚恳的样子。司马迁《报任安书》:"诚欲效其款款之愚。"不敢先人:不敢抢占在别人前面。也即谦虚退让。

⑥顺承:顺从,承受。畏:敬畏。

⑦受侮不答：受到屈辱而不报复。答，回应，报复。闻谤不辩：听到别人的诽谤也不做辩解。

⑧发：发达，成功。

⑨中式：符合标准，也即考中进士。

【译文】

辛未这一年，举人们赴京应试，我们嘉善参加考试的同乡一共有十人，只有丁敬宇的年龄最小，为人也极为谦虚。我就对费锦坡说："这位丁敬宇仁兄今年一定能够考中。"费锦坡问道："你怎么知道呢？"我回答说："只有谦虚的人才能获得福佑。费兄您看看，在这十人之中，有哪一位在温和真诚、不敢抢占人前这方面，比得上丁敬宇的呢？有哪一位在恭敬顺从、小心谦虚、满怀敬畏之心这方面，比得上丁敬宇的呢？有哪一位在受到屈辱而不报复、听到诽谤而不予辩解这方面，比得上丁敬宇的呢？一个人能够做到这些，即便是天地鬼神，也将会护佑他，这样的人岂有不成功的道理？"等到开榜公布的时候，丁敬宇果然考中了进士。

丁丑在京①，与冯开之同处②，见其虚己敛容③，大变其幼年之习。李霁岩直谅益友④，时面攻其非⑤，但见其平怀顺受⑥，未尝有一言相报⑦。予告之曰："福有福始⑧，祸有祸先。此心果谦，天必相之⑨。兄今年决第矣⑩。"已而果然⑪。

【注释】

①丁丑：即1577年。

②冯开之：即冯梦祯（1548—1605），字开之。浙江秀水（今浙江嘉兴）人，万历年间会试第一，先后任翰林院编修、国子监祭酒。

③虚己：自己很谦虚。敛容：面容严肃、庄重。

④李霁岩：人名。生平不详。直谅：正直诚信。谅，诚信。《论语·季氏》："孔子曰：'益者三友，损者三友。友直，友谅，友多闻，益矣。友便辟，友善柔，友便佞，损矣。'"

⑤时面攻其非：时常当面批评他的错误。攻，批评。非，错误。

⑥但：只。平怀：心平气和。怀，心怀。

⑦相报：反驳。相，表示动作偏指一方。

⑧福有福始：福报就有福报的根源。始，开始，根源。

⑨相（xiàng）：帮助，保佑。

⑩决第：肯定能够考上进士。决，肯定。第，及第，考中进士。

⑪已而：后来。果然：果然如此。然，此，这样。

【译文】

丁丑那年，我在京城，与冯开之住在一起，看到他谦虚谨慎，神情庄重，完全改变了他年幼时的习气。李霁岩是一位正直诚信的益友，时常当面批评冯开之的错误，只见他总是心平气和地虚心接受，未曾讲过一句反驳的话。我就对他说："福报有福报的根源，灾祸有灾祸的先导。一个人心里如果真的如此谦虚，上天一定会保佑他。仁兄你今年一定能够考中。"后来他果真考中了进士。

赵裕峰光远①，山东冠县人②，童年举于乡③，久不第。其父为嘉善三尹④，随之任⑤。慕钱明吾⑥，而执文见之⑦。明吾悉抹其文⑧，赵不惟不怒，且心服而速改焉。明年，遂登第⑨。

【注释】

①赵裕峰光远：即赵光远（1551—?）。字世芳，号裕峰。十七岁中举，万历十七年（1589）中进士。先后任知县、户部郎中、保定知

府等职。

②山东冠县:地名。在今山东冠县。

③童年举于乡:年龄很小时就考中了举人。乡,指乡试。乡试考中者为举人。

④三尹:官名。即主簿。明代的知县称大尹,县丞称二尹,主簿称三尹。

⑤随之任:指赵光远随着父亲来到嘉善任上。之,到。

⑥慕钱明吾:仰慕钱明吾先生的道德文章。钱明吾,即钱吾德,隆庆四年(1570)中举,先后任迁安县令、宁州县令等职。

⑦执文:带着自己写的文章。执,拿,带着。

⑧悉抹其文:全部涂抹掉了他的文章。悉,全部。抹,抹掉,涂改掉。即把他的文章全部否定了。

⑨遂:于是,就。登第:考中进士。

【译文】

赵光远先生号裕峰,山东冠县人,他年龄很小的时候就参加乡试考中了举人,但此后很长时间都没能考上进士。他父亲出任嘉善县三尹时,赵光远先生就跟随着父亲来到嘉善任上。赵光远先生仰慕钱明吾先生的道德、学问,就带着自己写的文章去拜访他。钱明吾先生把赵光远先生的文章全部涂改掉了,赵光远先生不仅不生气,而且心服口服地很快改正了自己文章的缺点。到了第二年,赵光远先生就考中了进士。

壬辰岁①,予入觐②,晤夏建所③,见其人气虚意下④,谦光逼人⑤。归而告友人曰:“凡天将发斯人也⑥,未发其福⑦,先发其慧。此慧一发,则浮者自实,肆者自敛⑧。建所温良若此⑨,天启之矣⑩。”及开榜,果中式。

【注释】

①壬辰岁：即1592年。

②入觐（jìn）：入朝觐见皇上。觐，朝见君主。

③晤（wù）：见面，见到。夏建所：即夏九鼎，字建所，又字玉铉。嘉善人。万历二十年（1592）进士，先后任知县、府学教授等职。

④气虚意下：态度谦下。气，气质，态度。

⑤谦光逼人：谦虚之神采照人。

⑥发斯人：让此人飞黄腾达。发，发达，成功。这里是使动用法，使人发达。斯，此。

⑦发：启发，赐予。

⑧肆者自敛：自我放纵的人就会自我约束。肆，放肆，放纵。敛，收敛，约束。

⑨温良：温和善良。

⑩启：开启。

【译文】

壬辰那年，我入朝觐见皇上时，遇见了夏建所先生，看到他虚己待人，谦虚之光辉耀照人。回去后，我就对朋友说："大凡上天将要让某人飞黄腾达的时候，在还没有赐予他福祉之前，先赐予他智慧。这样的智慧一旦开启，那么虚浮的人就会自然变得沉稳，放纵的人就会自我约束。夏建所先生如此温和善良，这是上天在开启他的智慧啊。"等到发榜的时候，夏建所先生果然考中了。

江阴张畏岩[①]，积学工文[②]，有声艺林[③]。甲午[④]，南京乡试，寓一寺中[⑤]，揭晓无名[⑥]，大骂试官，以为眯目[⑦]。时有一道者[⑧]，在傍微笑，张遽移怒道者[⑨]。道者曰："相公文必不佳[⑩]。"张益怒曰[⑪]："汝不见我文，乌知不佳[⑫]？"道者曰："闻作文，贵心气和平，今听公骂詈[13]，不平甚矣，文安得工[14]？”

张不觉屈服[15]，因就而请教焉[16]。道者曰：“中全要命[17]，命不该中，文虽工，无益也。须自己做个转变。”张曰：“既是命，如何转变？”道者曰：“造命者天，立命者我[18]。力行善事，广积阴德，何福不可求哉？”张曰：“我贫士，何能为？”道者曰：“善事阴功，皆由心造[19]。常存此心，功德无量。且如谦虚一节，并不费钱，你如何不自反而骂试官乎[20]？”张由此折节自持[21]，善日加修，德日加厚。

丁酉[22]，梦至一高房，得试录一册[23]，中多缺行。问旁人，曰：“此今科试录。”问：“何多缺名？”曰：“科第阴间三年一考较，须积德无咎者[24]，方有名。如前所缺，皆系旧该中式[25]，因新有薄行而去之者也[26]。”后指一行云：“汝三年来，持身颇慎，或当补此[27]，幸自爱[28]。”是科果中一百五名[29]。

【注释】

①江阴：地名。在今江苏江阴。张畏岩：人名。生平不详。

②工文：善于写文章。工，擅长，善于。

③艺林：学界。艺，才艺，学问。

④甲午：即1594年。

⑤寓：居住，借住。

⑥揭晓：指考试揭晓。

⑦以为眯（mí）目：认为考官的眼光有问题。眯，异物进入眼中而使视线不清。

⑧道者：僧人。道者，可指僧人，也可指道士。因为张畏岩是住在寺庙里，所以这位道者应是僧人。

⑨张遽(jù)移怒道者:张畏岩很快就迁怒于这位僧人。遽,立即,很快。移怒,迁怒。

⑩相公:原指丞相。汉魏以后,拜相者必封公爵,故称“相公”。后来慢慢用于对他人的尊称。这里是对张畏岩的尊称。

⑪益:更加。

⑫乌知:怎么知道。乌,怎么。

⑬詈(lì):骂。

⑭安得:怎么能够。安,怎么。工:工巧,美好。

⑮屈服:心服口服。

⑯就:接近,走近。

⑰中全要命:是否能够考中,全由命中注定。

⑱立命者我:改善命运的人就是自己。立命,把握、改善命运。

⑲心造:由心中产生。造,生。

⑳自反:自我反省。

㉑折节:改变之前的品德、言行。折,改变。节,品德,言行。自持:自我约束。

㉒丁酉:即1597年。

㉓试录:考试录取名单。

㉔无咎:没有罪过。咎,罪过,过失。

㉕旧该中式:原本应该考中。旧,原本。

㉖薄行:不忠厚的行为,过失。去之:删除了他们的名字。去,去除,删除。

㉗或:也许。

㉘幸:希望。

㉙是科:这一次科举考试。是,这。

【译文】

江阴人张畏岩先生,不断积累自己的学问而且善于写文章,在读书人中有一定的名气。甲午那一年，南京举行乡试，张畏岩先生就借居在一座寺庙之中。考试结果揭晓了，而张畏岩先生榜上无名，他就大骂考官，认为考官有眼无珠。此时有一位僧人，站在旁边微微一笑，张畏岩先生马上就迁怒于这位僧人。僧人说："相公您的文章肯定是写得不好。"张畏岩先生越发生气，说："你又没有看到过我的文章，怎么知道我写得不好？"僧人说："我听说写文章，贵在心平气和，如今听到相公您如此谩骂他人，心中不平和得如此严重，您的文章怎么能够写得好呢？"

张畏岩先生听后不知不觉地心服口服了，于是就走近僧人向他请教。僧人说："是否能够考中全在于命中注定，命中不该考中的，文章即使写得很好，也没有任何用处。您自己必须做个改变。"张畏岩先生说："既然是命中注定，我又如何能够改变呢？"僧人说："命运的注定者是上天，改善命运的却是我们自己。努力去做善事，广泛积累阴德，什么样的福祉不能追求到手呢？"张畏岩先生说："我是个贫穷的读书人，又能做些什么善事呢？"僧人说："善事与阴德，都是由自己内心产生出来的。只要能永远存着一颗善心，就能获取无量的功德。再说谦虚这一品质，并不需要您花钱去买，您为什么不自我反省而去辱骂考官呢？"张畏岩先生从此改变自己的品德、言行而严格约束自我，善行一天天地增加，功德也一天天地更加深厚。

丁酉这一年，张畏岩先生梦见自己来到一座高大的房子里，看到了一本科举考试的录取名单，中间有许多缺行。他就询问旁边的人，旁边的人回答说："这就是今年科举考试的录取名单。"张畏岩先生问："为什么缺了这么多名字呢？"旁边的人回答："阴间每三年对参加科举考试的读书人考核一次，必须积累功德、没有过失的人，方能榜上有名。比如刚才看到的被删除名字的人，都是一些原本应该考上的人，因为他们最近犯有过失，所以被除名了。"后来，旁边的这人又指着空缺的一行说："你这三年以来，做人做事非常谨慎，也许你的名字会补录在这里，希望你能够继续自重自爱。"张畏岩先生在这次科举考试时，果然考中了第一百零五名。

由此观之，举头三尺，决有神明[①]；趋吉避凶[②]，断然由我[③]。须使我存心制行[④]，毫不得罪于天地鬼神，而虚心屈己，使天地鬼神时时怜我[⑤]，方有受福之基。彼气盈者[⑥]，必非远器[⑦]，纵发亦无受用[⑧]。稍有识见之士，必不忍自狭其量[⑨]，而自拒其福也。况谦则受教有地[⑩]，而取善无穷，尤修业者所必不可少者也[⑪]。

【注释】

①决：肯定。神明：神灵，神仙。

②趋：趋向，追求。

③断然：肯定，一定。

④存心：存善心。制行：约束自我言行。制，控制，约束。

⑤怜：怜爱，爱。

⑥气盈：气盛，盛气凌人。

⑦远器：有远大志向、能够成就大事业的人。器，人才。

⑧纵：即使。发：发达，使发达。主语是上天。受用：享受。

⑨自狭其量：使自己的心胸狭窄。

⑩受教有地：才有接受别人教诲的余地。地，空间，余地。

⑪尤：尤其，特别。

【译文】

从这里可以看出，在我们头上三尺高的地方，肯定会有神灵在监视着我们；追求吉祥幸福而躲避灾难凶险，那么就一定要依靠我们自己。我们必须心存善良、约束自己的言行，丝毫也不敢得罪天地鬼神，而且还要谦虚谨慎、屈己伸人，使天地鬼神时时眷顾于我，这才算是有了接受福祉的基础。那些盛气凌人的人，必定不会是具有远大志向、能够成就大事的人，即便是上天想护佑他们发达，他们也无法享受这种护佑。稍微有一点见识的人，肯定不忍心让自己的心胸如此狭窄，从而拒绝来自上天的福佑。更何况谦虚谨慎的人才会有接受别人教诲的余地，从而获取无穷无尽的益处，尤其是那些修习学业的人，这种品质更是必不可少的。

【评注】

刘邦以不拘礼节著称于世，但他另一方面又能豁如大度，虚心接受臣下的意见，这是他能够成功的重要因素之一。我们试举两例，并与其他人物在类似情况下的表现作一对比。

第一例，在臣下关于建都关中的劝谏面前，刘邦与项羽的不同态度。

据《史记·刘敬列传》记载，刘邦原计划建都洛阳，而且他的臣下多为崤山以东的人，也希望建都洛阳。此时，一位穿着破衣、拉着车子去陇西戍边的士兵娄敬路过洛阳，要求觐见刘邦，娄敬从历史、地形等不同角度建议刘邦建都关中长安，刘邦接着又征求了张良的意见，随即做出决断：

> 及留侯明言入关便，即日车驾西都关中。于是上曰："本言都秦地者娄敬，'娄'者，乃'刘'也。"赐姓刘氏，拜为郎中，号为奉春君。（《史记·刘敬列传》）

这就是说，建都长安的大计本是一位普通士卒提出的，而刘邦做到了"刍荛之言，圣人择焉"，很快就接受了娄敬的建议，不仅赐姓刘，而且还封官加爵。在同样的情况下，项羽的做法刚好相反：

> 人或说项王曰："关中阻山河四塞，地肥饶，可都以霸。"项王见秦宫室皆以烧残破，又心怀思欲东归，曰："富贵不归故乡，如衣绣夜行，谁知之者？"说者曰："人言楚人沐猴而冠耳，果然。"项王闻之，烹说者。（《史记·项羽本纪》）

项羽不仅不接受同样的建议，反而因为几句牢骚话，以极为残酷的手段杀掉了建言者。在臣下关于建都关中的劝谏面前，刘邦与项羽的不同态度，深刻而明确地解释了两人成功与失败的原因。

第二例，在决策失败后，刘邦与袁绍对待劝谏者的不同态度。

据《史记·刘敬列传》记载，在刘邦即位的第七年，发生了一件让刘邦及其后人刻骨铭心的事件：

> 汉七年，韩王信反，高帝自往击之。至晋阳，闻信与匈奴欲共击汉，上大怒，使人使匈奴。匈奴匿其壮士肥牛马，但见老弱及羸畜。使者十辈来，皆言匈奴可击。上使刘敬复往使匈奴，还报曰："两国相击，此宜夸矜见所长。今臣往，徒见羸瘠老弱，此必欲见短，伏奇兵以争利。愚以为匈奴不可击也。"是时汉兵已逾句注，二十余万兵已业行。上怒，骂刘敬曰："齐虏！以口舌得官，今乃妄言沮吾军！"械系敬广武。遂往。至平城，匈奴果出奇兵围高帝白登，七日然后得解。高帝至广武，赦敬，曰："吾不用公言，以困平城。吾皆已斩前使十辈言可击者矣。"乃封敬二千户，为关内侯，号为建信侯。

刘邦即位的第七年，他手下的诸侯王韩王信反叛，并且联合匈奴，共同进攻汉朝。刘邦非常生气，于是亲自率领军队反击。在他出兵之前，就派十几批使者出使匈奴，名义上是为了相互沟通，实际是去探察匈奴人的虚实。匈奴人也知道刘邦的用意，于是就把自己的精兵强将全部隐匿起来，让使者看到的都是一些老弱病残的将士与一些瘦弱的战马。结果把使者骗住了。使者回来报告，都认为此时匈奴十分衰弱，可以与匈奴一战。而只有刘敬劝告刘邦不要被匈奴的假象所蒙蔽，不可贸然进军。刘邦认为刘敬的建议打击了士气，便把他关入广武（今山西代县）监狱。刘邦率领军队，一直向北打到平城（今山西大同一带）。此时，匈奴的精锐军队出现了，把刘邦团团包围在大同附近的白登山上，时间长达七天七夜。当时是冬天，刘邦军队不少人的手脚都被冻坏了，失去了战斗力。最后是通过外交手段，实际就是贿赂的方法，使匈奴"解围之一角"，刘邦才安全脱险。回到广武，刘邦不仅亲自向刘敬道歉，而且封刘敬二千户，为关内侯，号为建信侯。

在同样的情况下，东汉末年的袁绍又是如何做的呢？《三国志·魏书·董二袁刘传》记载官渡之战前后关于袁绍谋臣田丰的遭遇：

> 初，绍之南也（到南边官渡作战），田丰说绍曰："曹公善用兵，变化无方，众虽少，未可轻也。不如以久持之。……不及二年，可坐克也。今释庙胜之策，而决成败于一战，若不如志，悔无及也。"绍不从。丰恳谏，绍怒甚，以为沮众，械系之。绍军既败，或谓丰曰："君必见重。"丰曰："若军有利，吾必全；今军败，吾其死矣。"绍还，谓左右曰："吾不用田丰言，果为所笑。"遂杀之。

袁绍出兵南征曹操之前，其谋臣田丰就反复劝谏他不可孤注一掷，而袁绍认为田丰的劝谏是在打击士气，于是就把他关押起来。当袁绍于官渡大败之后，有人就对田丰说："这次您一定会被袁公重用。"田丰说："如果袁公这次打胜了，我肯定能够保全生命；如今打了败仗，我大概是活不了了。"袁绍回来后，对身边的人说："我当初没有接受田丰的劝谏，结果被他耻笑。"于是就杀了田丰。

刘邦面对失败，勇于认错，虚心向刘敬道歉；袁绍面对失败，竟然恼羞成怒，杀害了劝谏者。

通过以上事实可以看出，刘邦就是一位"谦则受教有地，而取善无穷"的伟人，他的成功与项羽、袁绍的失败，也无可辩驳地证明了"趋吉避凶，断然由我"的正确性。

古语云："有志于功名者，必得功名；有志于富贵者，必得富贵。"人之有志，如树之有根。立定此志，须念念谦虚①，尘尘方便②，自然感动天地，而造福由我。今之求登科第者，初未尝有真志，不过一时意兴耳③。兴到则求，兴阑则止④。孟子曰："王之好乐甚⑤，齐其庶几乎⑥！"予于科名亦然⑦。

【注释】

①念念：常常想到，总忘不了。一说“念念”指极短的时间，也即时时刻刻。

②尘尘：任何小事。泛指各种大小事情。尘，极小的计量单位，比喻小事。一说“尘尘”指尘世、人间。方便：给人以便利，即多行善事。

③意兴：起意，心血来潮。兴，起，产生。

④兴阑（lán）：兴致没有了。阑，将尽，消除。

⑤王：指战国时期齐宣王。乐（yuè）：音乐。

⑥齐：齐国。其：表示推测的语气词。也许，可能。庶几：差不多。这里具体指差不多能够把齐国治理好了。关于孟子这段话的出处及原义，详见“评注”。

⑦科名：科举功名。一说指科举考试的名目。这里泛指科举考试。然：此，如此。

【译文】

古语说：“有志于求取功名的人，就一定能够得到功名；有志于求取富贵的人，就一定能够得到富贵。”人一旦有了志向，就如同树有了自己的根一样。立定这个志向之后，还须念念不忘谦虚谨慎，事事与人方便，这样自然会感动天地，所以说求取福祉完全要依靠自己。如今一些求取科举功名的人，最初未必有这方面的真正志向，不过是出于一时的兴致而已。兴致来了就去追求功名，兴致没了就停下不干了。孟子说：“如果大王真的特别喜欢音乐，那么齐国也许差不多就能够治理好了。”我对于求取科举功名的看法也是如此。

【评注】

关于孟子的这段话，见于《孟子·梁惠王下》：

（孟子）见于王曰：“王尝语庄子以好乐，有诸？”王变乎色，曰：“寡人非能好先王之乐也，直好世俗之乐耳。”曰：“王之好乐甚，则

> 齐其庶几乎！今之乐犹古之乐也。……臣请为王言乐：今王鼓乐于此，百姓闻王钟鼓之声、管籥之音，举疾首蹙頞而相告曰：'吾王之好鼓乐，夫何使我至于此极也？父子不相见，兄弟妻子离散。'……此无他，不与民同乐也。今王鼓乐于此，百姓闻王钟鼓之声、管籥之音，举欣欣然有喜色而相告曰：'吾王庶几无疾病与？何以能鼓乐也？'……此无他，与民同乐也。今王与百姓同乐，则王矣。"

孟子的原意是，一个君主如果真正爱好音乐，就应该与民同乐，而不是只顾自己一人快乐，而不顾百姓的死活。袁了凡引用这两句话，主要是取其"好乐甚"三字，认为真正"好乐甚"的君主能够与民同乐，而能够与民同乐者就能够治理好自己的国家。同样的道理，真正立志求取功名的人，就能够时时谨慎小心，处处与人方便，而能够做到时时谨慎小心、处处与人方便的人，就能够得到上天的护佑，因此也就能够获取科举功名。

附录一

袁了凡居士传

（清）彭绍升撰

袁了凡先生，名黄，字坤仪，江南吴江人[①]。了凡之先[②]，赘嘉善殳氏[③]，遂补嘉善县学生[④]。

【注释】

①吴江：地名。在今江苏苏州吴江区。

②了凡之先：袁了凡的先辈。先，先辈。指袁了凡的祖父袁祥。

③赘嘉善殳（shū）氏：入赘到嘉善殳家。赘，男子到女家成婚，即今天所说的做了“上门女婿”。嘉善，地名。在今浙江嘉善。

④遂补嘉善县学生：于是就成为嘉善县的学生。袁了凡祖籍为吴江，因祖父入赘到嘉善，袁了凡又出生于嘉善，于是他就成了嘉善籍的学生。

【译文】

袁了凡先生，名黄，字坤仪，江南吴江人。袁了凡的先辈，入赘到了嘉善县殳家，于是他就成为嘉善县籍的学生。

隆庆四年[①]，举于乡[②]。万历十四年[③]，成进士，授宝坻知县[④]。后七年，擢兵部职方司主事[⑤]。会朝鲜被倭难[⑥]，来乞师[⑦]，经略宋应昌奏了凡军前赞画兼督朝鲜兵[⑧]。

【注释】

①隆庆四年：即1570年。隆庆，明穆宗的年号，1567—1572年。

②举于乡：考中了举人。乡，指乡试。通过这一级考试者为举人。正常情况下，每三年举行一次，考试地点在省城。考试时间一般定在八月，故又称“秋试”“秋闱”。乡试第一名称为解元。

③万历十四年：即1586年。万历，明神宗的年号，1573—1620年。

④宝坻：地名。在今天津宝坻区。

⑤擢：晋升。兵部：朝廷六部之一，主管武官的选用、考察，以及有关兵籍、军械、军令等事宜。职方司主事：官名。正六品，属兵部，负责舆图、军制、城隍、镇戍、简练、征讨等事。

⑥会朝鲜被倭（wō）难：刚好遇到朝鲜受到日本军队的侵犯。会，遇到。朝鲜，国名。即今朝鲜。倭，我国古代对日本人及其国家的称呼。难，战乱。这里具体指侵犯。《明史・神宗本纪一》记载：万历二十年（1592），日军入侵朝鲜，攻陷王京，抵达平壤，朝鲜国土失之大半。明朝廷派经略宋应昌、提督李如松率兵救援。万历二十一年（1593），明军收服平壤、王京，日军退至釜山，双方议和。

⑦乞师：请求军队救援。

⑧经略：官名。唐代始置。明代的经略不是常置官职，有重大军事行动时，临时特设，掌管一路或数路军、政事务，权任极重，职位高于总督。宋应昌：字思文。浙江仁和（今浙江杭州）人。祖籍浙江会稽。明朝抗倭名将，民族英雄。军前：到军队里。赞画：辅佐筹划。赞，辅佐，帮助。画，筹划。一说“赞画”为官名。督：督查。

【译文】

隆庆四年，袁了凡参加乡试考中举人。万历十四年，考中进士，授宝坻知县。七年之后，被提升为兵部职方司主事。此时刚好遇到朝鲜受到日军的侵犯，朝鲜派使者前来请求明朝廷出兵救援，经略宋应昌便奏请皇上，让袁了凡到军队里去辅助、筹划军事，并负责督察救援朝鲜的军队。

提督李如松①，以封贡绐倭②，倭信之，不设备，如松遂袭破倭于平壤③。了凡面折如松④，不应行诡道⑤，亏损国体⑥。而如松麾下又杀平民为首功⑦，了凡争之强⑧。如松怒，独引兵而东。倭袭了凡，了凡击却之⑨，而如松军果败⑩，思脱罪⑪，更以十罪劾了凡⑫。

【注释】

①提督：官名。明时有提督京营戎政等军职，多以勋戚大臣及太监充任。李如松：字子茂，铁岭卫（今辽宁铁岭）人。明朝名将，辽东总兵李成梁长子。李如松骁勇善战，先后任都督佥事、神机营右副将、山西等地总兵官。万历二十年（1592），提督蓟、辽、保定、山东诸军援助朝鲜，抗击日军。万历二十一年（1593）回朝，加太子太保。万历二十五年（1597），出任辽东总兵。万历二十六年（1598），李如松在与蒙古部落的战役中阵亡，终年五十岁。明神宗追赠他为少保、宁远伯，赐谥号“忠烈”，并为其立祠。

②以封贡绐（dài）倭：用册封、朝贡的事情欺骗日军。即用和谈的方式欺骗日军。封贡，明朝建立后，与周边国家建立册封与朝贡的关系，简称“封贡”。封贡体系内国家间的基本关系是册封和被册封、朝贡和被朝贡的关系，同时也具有同盟性质。绐，欺骗。《明史·李成梁列传》记载，日寇酋长行长希望能够与明朝建立

封贡关系，李如松便以册封使的身份欺骗行长，于平壤打败日军。

③平壤：地名。即今朝鲜平壤。

④面折：当面驳斥。折，反驳，驳斥。

⑤诡道：诡诈的手段，欺骗的方法。

⑥亏损国体：有损国家的国威。

⑦麾下：部下。首功：以战争中所得敌人首级多少而论功。

⑧争之强：争论得很激烈。

⑨击却之：击退日军。却，退，退却。

⑩果败：果然失败了。《明史·李成梁列传》："官军既连胜，有轻敌心。二十七日再进师。朝鲜人以贼弃王京告。如松信之，将轻骑趋碧蹄馆。距王京三十里，猝遇倭，围数重。如松督部下鏖战。……杨元兵亦至，斫重围入，倭乃退，官军丧失甚多。"

⑪思脱罪：想为自己推脱罪责。

⑫十罪：十条罪名。具体内容不详。劾：弹劾。

【译文】

提督李如松，用册封、朝贡的事情欺骗日军，日军相信了他，没有设防，李如松于是发动突袭，在平壤打败了日军。袁了凡当面驳斥李如松，批评他不应该使用诡诈的手段对付日军，这样有损于大明王朝的国威。而且李如松的部下又滥杀平民以冒充自己杀敌的功劳，袁了凡与他争执得十分激烈。李如松大怒，独自带着军队向东进发。日军趁机袭击袁了凡，袁了凡率军击退了日军，而李如松的军队果然打了败仗，李如松想推脱自己的罪责，反而以十项罪名弹劾袁了凡。

而了凡旋以拾遗被议①，削籍归家②。居十余年卒，年七十四。熹宗朝③，追叙征倭功④，赠尚宝司少卿⑤。

【注释】

①旋：随即，不久。拾遗：官名。负责讽谏事宜，对政务进行拾遗补阙。被议：受到处分。被，受到。议，议处，处分。《明史·孙钱列传》："二十一年大计京朝官……言官以拾遗论劾稽勋员外郎虞淳熙、职方郎中杨于廷、主事袁黄（袁了凡）。钱议谪黄，留淳熙、于廷。诏黄方赞划军务，亦留之。给事中刘道隆遂言淳熙、于廷不当议留，乃下严旨责部臣专权结党。……淳熙等俱勒罢。"万历二十一年（1593），朝廷考核官员，虞淳熙、杨于廷、袁黄遭到弹劾，最后全被罢职。据林志鹏《袁了凡年表事略》说，拾遗弹劾袁了凡的事由是"了凡任宝坻县令时'纵民逋税'"，即《立命之学》中所说的"盖宝坻之田，每亩二分三厘七毫。余为区处，减至一分四厘六毫"一事。

②削籍：在官籍中除名。即罢官。

③熹宗：指明熹宗朱由校，在位七年（1620—1627）。

④叙：按照等级次序以升职或赏功。

⑤尚宝司少卿：官名。尚宝司，明朝官署名。掌宝玺、符牌、印章等事。设卿一人，正五品，少卿一人，从五品。

【译文】

袁了凡不久就因为拾遗的弹劾而受到处分，削去官职，回到了家乡。居家十多年后去世，终年七十四岁。到了明熹宗在位的时候，追叙袁了凡征讨日军的功劳，追赠尚宝司少卿。

了凡自为诸生[①]，好学问，通古今之务。象纬、律算、兵政、河渠之说[②]，靡不晓练[③]。

【注释】

①自为诸生：自从成为生员（秀才）以来。明清时期，经各级考试进

入府、州、县学校读书的学生，称“生员”。因生员有增生、附生、廪生、例生等不同名目，故统称为“诸生”。

②象纬：指日、月、五星。这里泛指天文。律算：音律算学，又称音律学、律学，是通过数学运算和实验来创作、完善、整理音乐与音律的一种方法。兵政：军事政治。河渠：水利。说：学说，学问。

③靡不晓练：无不精通。靡，无，没有。练，熟悉，精通。

【译文】

袁了凡自从成为生员之后，特别爱好学问，通晓古今的各种事情。天文、音律、军政、水利各方面的学问，没有他不精通的。

其在宝坻，孜孜求利民①。县数被潦②，了凡乃浚三坌河③，筑堤以御之④。又令民沿海岸植柳，海水挟沙上⑤，遇柳而淤⑥，久之成堤。治沟塍⑦，课耕种⑧，旷土日辟⑨，省诸徭役，以便民家。

【注释】

①孜孜：勤勉，努力不懈的样子。

②县数（shuò）被潦（lào）：宝坻县多次遇到洪灾。数，屡次。潦，通“涝”。雨大成灾。

③浚（jùn）三坌（bèn）河：疏通三坌河。浚，挖深，疏通。三坌河，河名。在今天津一带。

④御之：抵御洪水。

⑤海水挟沙上：海水裹挟着沙土冲上来。上，冲上岸边。宝坻南邻渤海，故袁了凡有沿海植柳的措施。

⑥淤：淤积在那里。

⑦沟塍（chéng）：沟渠和田埂。塍，田埂。

⑧课耕种:督促百姓努力耕种。课,督促完成指定的任务。

⑨旷土日辟:荒地一天天地开垦出来。旷土,荒地。辟,开垦。

【译文】

袁了凡在宝坻任知县时,勤勤恳恳地为百姓谋利。宝坻县多次遇到洪灾,袁了凡就疏通三岔河,修筑堤坝以防御洪水。又命令百姓沿着海岸种植柳树,当海水裹挟着沙土冲上岸边时,这些沙土遇到柳树就会淤积在那里,时间久了自然就形成了堤坝。袁了凡治理水渠、田地,督促百姓努力耕种,荒地一天天地被开垦出来,还减少各种徭役,以施利于百姓。

不富而好施,居常诵持经咒①,习禅观②,日有课程③,公私遽冗④,未尝暂辍⑤,著《戒子文》四篇行于世⑥。

【注释】

①居:平时。诵持:诵读受持。经咒:指佛教的经文与咒语。

②习禅观:修习参禅悟道。禅,佛教用语。"禅那"的简称,意译为"思维修"。排除杂念、净心息虑。观,指佛教的智慧。即看破虚妄,直达佛理。

③课程:规定的学习进程。

④遽冗(jù rǒng):紧张而烦忙。遽,匆忙,紧张。冗,烦忙。

⑤暂辍(chuò):短暂停止。暂,短时间。辍,停止。

⑥《戒子文》四篇:即《了凡四训》。关于《了凡四训》的成书过程,可参阅本书"前言"。行于世:流行于社会上。

【译文】

袁了凡并不富有却喜欢施舍,平时诵读受持佛经与佛咒,修习参禅悟道,每天都有规定的学习进程,无论公私事务多么紧张繁忙,从未间断过,他撰写的《戒子文》四篇,流行于社会上。

夫人贤，常助之施，亦自记功行[①]，不能书[②]，以鹅翎茎渍朱[③]，遂日标历本[④]。或见了凡立功少[⑤]，辄颦蹙[⑥]。尝为子制冬袄[⑦]，将买花絮[⑧]。了凡曰："丝绵轻暖[⑨]，家中自有，何必买絮？"夫人曰："丝贵花贱，我欲以贵易贱[⑩]，多制絮衣[⑪]，以衣冻者耳[⑫]。"了凡喜曰："若如是[⑬]，不患此子无禄矣[⑭]。"子俨后亦成进士[⑮]，终高要知县[⑯]。

【注释】

①功行：有功德的行为，善行。

②书：写字。了凡的夫人没有读过书，不会写字。

③以鹅翎茎渍（zì）朱：用鹅毛管蘸着红色颜料。翎，鸟的翅膀或尾巴上长而硬的羽毛。渍，浸，蘸。朱，红色。这里指红色颜料。

④遂日标历本：于是每天就在日历本上做出标记。历本，日历本。《了凡四训·立命之学》："汝母不能书，每行一事，辄用鹅毛管，印一朱圈于历日之上。或施食贫人，或买放生命，一日有多至十余圈者。"

⑤或：有时。立功少：做的善事少。

⑥辄：就，就会。颦蹙（pín cù）：皱着眉头。形容忧愁的样子。《了凡四训·立命之学》："汝母见所行不多，辄颦蹙曰：'我前在家，相助为善，故三千之数得完；今许一万，衙中无事可行，何时得圆满乎？'"

⑦尝：曾经。

⑧花絮：棉花絮。花，棉花，七世纪由印度传入我国。《南史·夷貊列传下》："有草实如茧，茧中丝如细纻，名曰白叠子，国人取织以为布，布甚软白，交市用焉。"文中讲的"草实如茧"即棉花。

⑨丝绵：剥取蚕茧表面的乱丝整理而成的像棉花的东西，轻柔保暖。

⑩以贵易贱：用价格贵的丝绵去多换一些价格便宜的棉花。易，交换。

⑪絮衣：棉花袄。絮，棉絮。

⑫衣：穿。这里指送给别人穿。冻者：受冻的人。

⑬如是：如此。是，此。

⑭不患此子无禄矣：不用担心这孩子没有福禄了。患，担心。此子，指自己的儿子袁俨。禄，福祉，福禄。袁了凡坚信因果报应，父母做的好事，一定能够回向给孩子。

⑮子俨：儿子袁俨。袁俨初名天启，后改名俨，字若思。天启五年（1625）进士，授高要知县，天启七年（1627），因操劳呕血，卒于知县任上。

⑯终高要知县：去世于高要知县任上。终，去世。高要，县名。在今广东高要。

【译文】

袁了凡的夫人非常贤惠，经常帮助袁了凡救助他人，自己也记录自己的善行，夫人不能书写，就用鹅毛管蘸着红色颜料，每天在日历上做记号。有时候袁了凡所做功德较少，她就会皱着眉头发愁。有一次她为儿子裁制冬天的棉袄，想买些棉花做内里。袁了凡问："丝绵又轻又暖，家里有丝绵，为什么还要去买棉花呢？"夫人回答说："丝绵价格昂贵，棉花价格便宜，我想用价格昂贵的丝绵多换回来一些便宜的棉花，这样可以多做一些棉衣，送给那些没有棉衣的人穿。"袁了凡非常高兴地说："如果是这样的话，就不用担心这个孩子将来没有福禄了。"他的儿子袁俨后来也成了进士，去世于高要知县的任上。

附注：彭绍升，江苏长洲（今江苏苏州吴中区）人，字允初，号尺木，又号知归子，法名际清。乾隆间进士，工古文，初慕贾谊之为人，思赫然树功烈。后读儒先正书，尤喜陆（宋陆象山）王（明王阳明）之学。尝与吴县汪大绅、瑞金罗有高等游，遍阅藏经。居深山，习静，素食，持戒甚严，欲以彻儒、佛之樊。有《一行居集》《居士传》《无量寿经起信论》《净土圣贤录》《善女人传》等刊行于世，远近传诵。

附录二

云谷大师传

憨山释德清撰

师讳法会[1]，别号云谷，嘉善胥山怀氏子[2]。生于弘治庚申[3]，幼志出世[4]，投邑大云寺某公为师[5]。

【注释】

①师讳法会:云谷禅师的法号是法会。讳，古时称去世者的名号时，前面加“讳”字，以示尊敬。

②嘉善:地名。在今浙江嘉善。胥山:山名。本名张山。在今浙江嘉兴西南方，相传伍子胥伐越时经过此山，故名。

③弘治庚申:即1500年。弘治，明孝宗年号，1488—1505年。

④幼志:从小立志。出世:出家为僧。

⑤邑:本邑，本地。大云寺:寺庙名。在今浙江嘉兴。某公:某高僧。

【译文】

云谷大师法号法会，别号云谷，出生于嘉善胥山怀氏家。大师生于弘治庚申年，很小的时候就立志出家，后来就到本地的大云寺，拜某高僧为师。

初习瑜伽[①]，师每思曰[②]："出家以生死大事为切[③]，何以碌碌衣食计为[④]？"年十九，即决志参方[⑤]，寻登坛受具[⑥]。闻天台《小止观》法门[⑦]，专精修习。法舟济禅师[⑧]，续径山之道[⑨]，掩关于郡之天宁[⑩]。师往参叩，呈其所修[⑪]。舟曰："止观之要，不依身心气息[⑫]，内外脱然[⑬]。子之所修，流于下乘[⑭]，岂西来的意耶[⑮]？学道必以悟心为主[⑯]。"师悲仰请益[⑰]，舟授以念佛审实话头[⑱]，直令重下疑情[⑲]。师依教日夜参究，寝食俱废。一日受食，食尽亦不自知，碗忽堕地，猛然有省[⑳]，恍如梦觉。复请益舟，乃蒙印可[㉑]。

【注释】

①瑜伽：原为古印度的一种修行方法，后为大乘佛教所继承，其含意为"一致""和谐""物物相应"。《瑜伽焰口施食要集》："瑜伽，竺国语，此翻'相应'。……约而言之，手结密印，口诵真言，意专观想，身与口协，口与意符，意与身会，三业相应，故曰瑜伽。"修炼时要求口、身、意协调相应，被今人称为"佛教气功"（劳子、盛励主编《儒佛道百科辞典》）。在汉传佛教里，"瑜伽"又常常用来指为修福所做的法事仪式。

②每：每每，经常。

③切：要点，重点。把"切"理解为急切，亦可。指急切要解决的事情。

④碌碌：碌碌无为的样子。衣食计为：为了解决衣食问题。

⑤决志：下定决心。参方：探求最高佛理。参，参究，探求。方，方法，道。这里指佛教真理。

⑥寻：不久。登坛：登上戒坛。坛，戒坛。佛教僧徒传戒之坛。受具：受具足戒。具足戒是比丘、比丘尼受持的戒律，比丘的具足戒

有二百五十条，比丘尼的具足戒有三百四十八条，一般情况下，年满二十岁、接受此戒的人方能成为正式僧人。

⑦天台：佛教名山。位于浙江天台县城北，是佛教天台宗的发源地。《小止观》：佛教经典。隋代智顗撰。本书是天台智顗大师为其俗兄陈针所撰。止，即禅定。观，即佛理。止观，意思是清除心里的一切俗念、妄想，使心保持平静、稳定，集中心思去观察和思维，以获取佛教智慧。法门：修行者的修佛之门径。

⑧法舟济禅师：即明代高僧道济，号法舟，嘉靖三十九年（1560）圆寂。有《天宁法舟济禅师语录》传世。

⑨续径山之道：继承了径山大慧宗杲禅师的法统。径山，山名。在今浙江杭州。这里用“径山”代指大慧宗杲禅师。宗杲禅师，宋代高僧，号大慧，因为曾驻径山阐扬佛法，被称为“径山宗杲禅师”（《五灯会元》卷十九）。

⑩掩关：闭关。闭门谢客，拒绝一切尘世打扰，专心修行。郡：本郡。明代废郡，这里沿用旧称，指嘉兴府，云谷禅师的家乡嘉善为嘉兴府的属县。天宁：指天宁寺。

⑪呈其所修：把自己的修行情况告诉法舟济禅师。呈，呈现。这里指讲给别人听。

⑫不依身心气息：不要执著于自己的身心、气息。依，依赖，执著于。

⑬内外脱然：内外一片空净。内，指内心。外，指外界事物。脱然，空净的样子。

⑭流于下乘：属于下等修行。

⑮岂西来的（dí）意耶：难道是达摩祖师从西方来到中国的真正用意吗？的，真实，真正。按照禅宗的说法，释迦牟尼佛把不可言传的最高佛理授予大弟子迦叶，迦叶即为禅宗的初祖，从此一代一代传到了第二十八祖达摩。达摩离开西土（印度），来到东土（中国）传法，被尊为东土禅宗的初祖。禅宗认为，达摩传授的佛法

就是“即心即佛”“顿悟成佛”，通过修心，一旦能够把内外清扫干净，当即成佛。

⑯学道：学佛。佛教把最高佛理也称为“道”。悟心：心悟。醒悟万法皆空的道理。

⑰师悲仰请益：云谷禅师带着眷恋、敬仰的心情，请求再多多指教。悲，眷顾，留恋。请益，已经受教，请求再多指教一些。

⑱念佛审实话头：切实参究“念佛”这些话头。审实，切实参究，认真思考。话头，禅宗和尚用来启发问题的现成语句。禅宗关于“念佛”的话头极多，比如：“问：‘和尚还曾念佛也无？’师曰：‘不曾念佛。’曰：‘为甚么不念佛？’师曰：‘怕污人口。’”（《五灯会元》卷十二）“岂不见《弥陀经》云，水鸟树林，悉皆念佛念法。”（《五灯会元》卷十三）一说，“念佛审实话头”的意思是：“先念佛数声，然后再审察这位念佛的人究竟是谁。”

⑲直令重（chóng）下疑情：让他当下提出很多的疑问。直，直接，当下。重，多。疑情，疑惑，疑问。比如为什么有的禅师说念佛会“污人口”，而有的禅师却说“水鸟树林，悉皆念佛念法”。

⑳有省：有所醒悟。

㉑蒙：受到。印可：经印证而被认可，禅宗多用此语。也即赞同、同意。

【译文】

云谷禅师最初修习瑜伽，他经常想：“出家人把生死之事看作最重要的事情，我怎么能够仅仅为了衣食而碌碌无为呢？”在他十九岁时，就下定决心要参究最高佛智，不久之后他登上戒坛接受了具足戒。云谷禅师听了天台宗的《小止观》佛法之后，便精诚专一地进行修习。法舟济禅师继承了径山宗杲禅师的法统，在本郡的天宁寺闭门修行。云谷禅师便前去参拜请教，并把自己的修行情况告诉法舟济禅师。法舟济禅师说：“止观法门的要点，就是不要执著于自己的身心、气息，而又能够做到内外一片空净。您所修行的内容,已经流于下等,怎么符合达摩祖师西来传法的真正意愿呢?学习佛法一定要以内心开悟为主。”云谷禅师对法舟济禅师非常眷念、敬仰,请求他再多多指教一些,法舟济禅师就授予他许多“念佛”的话头让他切实参究,并让他当即提出许多疑问。云谷禅师依照法舟济禅师的教诲日夜参究思考,废寝忘食。有一天吃饭,饭已经吃完了而他还没有感觉到,饭碗突然掉在了地上,云谷禅师也突然有所醒悟,恍恍惚惚地就好像刚从梦中醒来一样。他便再次去向法舟济禅师请教,法舟济禅师对他的感悟给予了肯定。

阅《宗镜录》①,大悟唯心之旨②。从此一切经教,及诸祖公案③,了然如睹家中故物④。于是韬晦丛林⑤,陆沉贱役⑥。

【注释】

①《宗镜录》:禅宗理论著作,共一百卷。五代时期延寿禅师撰写。

②唯心之旨:一切唯心所造的佛理。佛教认为,万事万物都是心的显现,都是由心所造,心之外不存在任何东西。

③诸祖:指禅宗的历代高僧。公案:原指官府有待处理的事情、案件。禅宗认为,用佛教理论来解决疑难问题,如同官府判案,故也称“公案”。

④了然:清清楚楚的样子。家中故物:自家的旧物件。

⑤韬晦:韬光养晦。丛林:众僧聚集念佛修道的地方。后来泛指寺庙。

⑥陆沉:无水而自沉。比喻自愿隐居。贱役:低贱的劳役。

【译文】

云谷禅师研读了《宗镜录》,彻底明白了一切唯心的佛理。从此之后,所有的佛经教理,以及诸位禅宗祖师的各种公案,他都清楚明白得如同看到自家的旧物件一样。于是他韬光养晦于寺庙之中，隐居于各种贱役之间。

一日阅《镡津集》①，见明教大师护法深心②，初礼观音大士③，日夜称名十万声④。师愿效其行，遂顶戴观音大士像⑤，通宵不寐⑥，礼拜经行⑦，终身不懈。

【注释】

①《镡（tán）津集》：宋代禅师契嵩著。《四库全书》著录本二十二卷。镡津（今广西藤县）为契嵩禅师的出生地，故本书名为《镡津集》。契嵩禅师属于禅宗云门宗，博通儒、佛，对于儒家的排佛论力加反驳，倡导儒、佛一致论。

②明教大师：即契嵩禅师。庆历年间，宋仁宗赐契嵩“明教大师”的称号。护法：维护佛教。法，佛法，佛教。

③礼：礼拜。观音大士：即观世音菩萨。大士，对菩萨的通称。本句的主语是契嵩禅师。

④称名：念诵观世音菩萨的名号。《法华经·观世音菩萨普门品》说，无论有多少人，无论这些人受多大的苦，只要一心念诵观世音菩萨的名号，观世音菩萨就会来帮助你、拯救你。《法华经》还列举了大量例子以说明这一点，说是只要念观音名号，火不能烧，水不能淹，即使罪人受刑时，一念观音，刑具自坏。

⑤遂：于是。顶戴：致敬，礼拜。

⑥寐：睡觉。

⑦礼拜经行：无论行走何处都要礼拜。经行，僧人因养生之需，同时也是为了提高自己对身体的明觉度和摄受力，锻炼心念对身体的控制，来回往返于一定之地叫“经行”。

【译文】

有一天，云谷禅师阅读了《镡津集》，看到明教大师契嵩维护佛法的深切用心，契嵩大师最初时礼拜观世音菩萨，日夜称诵观世音菩萨的名号多达十万声。于是云谷禅师就效仿契嵩大师的行为，开始礼拜观世音菩萨的画像，以至于通宵不寐，无论走到何处都要礼拜，终身不懈。

时江南佛法禅道[1]，绝然无闻[2]。师初至金陵[3]，寓天界毗卢阁下行道[4]，见者称异。魏国先王闻之[5]，乃请于西园丛桂庵供养[6]，师住此入定三日夜[7]。居无何[8]，予先太师祖西林翁掌僧录[9]，兼报恩住持[10]，往谒师[11]，即请住本寺之三藏殿[12]。师危坐一龛[13]，绝无将迎[14]，足不越阃者三年[15]，人无知者。偶有权贵人游至，见师端坐，以为无礼，谩辱之[16]，师曳杖至摄山栖霞[17]。

【注释】

①禅道：禅宗。

②绝然：默默无闻的样子。

③金陵：即今天的南京。

④寓：住在。天界：寺庙名。即天界寺。毗（pí）卢阁：寺庙里的阁楼名。毗卢，是“毗卢舍那佛”的略称，即密宗的大日如来。一说是法身佛的通称。行道：人行过道。

⑤魏国先王：具体所指不详。

⑥西园：西园寺。当时苏州有西园寺，不知是否为同一个寺庙。供养：供献神佛或者设饭食招待僧人。

⑦入定：僧人修行的一种方法，端坐闭眼，不起杂念，心神专注于一处。

⑧居无何：不久。

⑨予：我。指本文作者憨山释德清（1546—1623）。明代高僧，俗姓蔡，名德清，号憨山，又称憨山大师，全椒（今安徽全椒）人。先太师祖：即师父的师祖。西林翁：西林老禅师。翁，老人。西林翁是六合县（今江苏南京六合区）人。俗姓郭，讳永宁，别号西林。生平详见憨山禅师《西林大和尚传》。僧录：又叫僧录司，僧官名。掌管全国寺庙、僧籍以及僧官补授等事宜。

⑩报恩：寺庙名。在今江苏南京秦淮区。住持：寺庙之主。意谓居住寺中，总持事务。

⑪谒：拜访。

⑫本寺：指报恩寺。三藏殿：佛殿名。类似于佛教图书馆。三藏，对于佛教经典的总称。佛教以经、律、论为三藏。经是佛说的内容，论是对经的解释，律是戒律。

⑬危坐：端坐。龛（kān）：供奉神位、佛像等的小阁子。

⑭将迎：送往迎来。将，送。

⑮越阃（kǔn）：走出门槛。阃，门槛，门限。

⑯谩：辱骂。

⑰曳（yè）杖：拄着拐杖。摄山：山名。即今江苏南京栖霞山。栖霞：栖霞寺。

【译文】

当时江南的佛法、禅宗，因异常衰落而默默无闻。云谷禅师初到金陵，住在天界寺毗卢阁下面的人行过道里，看到他的人都感到十分惊异。魏国先王听说后，就邀请他住在西园寺的丛桂庵里予以供养，云谷禅师入住之后，静坐入定达三天三夜之久。过了不久，我的先太师祖西林翁当时掌管僧录司，兼任报恩寺的住持，他亲自去拜访云谷禅师，当即请他入住报恩寺的三藏殿。云谷禅师端坐在一座佛龛中，从不送往迎来，整整三年没有走出寺庙的大门，也没有人了解他。偶尔有一位权贵到这里游历，看见云谷禅师端坐在那里，就认为他太没有礼貌，便辱骂了他，于是云谷禅师便柱着拐杖移居到了摄山的栖霞寺。

栖霞乃梁朝开山①，武帝凿千佛岭②，累朝赐供赡田地③。道场荒废④，殿堂为虎狼巢。师爱其幽深，遂诛茅于千佛岭下⑤，影不出山⑥。时有盗侵师⑦，窃去所有，夜行至天明，尚不离庵⑧。人获之，送至师。师食以饮食⑨，尽与所有持去，由是闻者感化⑩。

【注释】

①梁朝：朝代名。公元502—557年，南朝四朝之一，第一代君主为萧衍，也即下一句讲的“武帝”。开山：佛教在名山创建寺庙，称为“开山”。也即创立寺庙。

②武帝：梁武帝，即萧衍（464—549），字叔达。南兰陵郡（今江苏常州）人。西汉相国萧何的二十五世孙，南朝梁第一位皇帝，以信仰佛教著称。凿千佛岭：在千佛岭开凿了许多佛像。千佛岭，栖霞山的山岭名。因这里开凿了许多佛像，故称。

③累朝：历朝历代。供赡田地：用来供养僧人的田地。赡，赡养。

④道场：佛、道二教诵经修道的地方。这里指寺庙。

⑤诛茅：清除野草。这里指清除野草修建庵舍居住。诛，杀死，这里引申为铲除。茅，野草名。这里泛指野草。

⑥影：身影。代指身体。

⑦有盗侵师：有盗贼去偷盗云谷禅师的财物。侵，侵害，盗窃。

⑧尚不离庵：还没有离开云谷禅师住的庵舍。因为天黑，小偷迷路了。

⑨食（sì）以饮食：拿食物给别人吃。

⑩由是：因此。是，此。代指云谷禅师善待小偷的事情。

【译文】

栖霞寺是梁朝时期创建的，梁武帝在千佛岭开凿了许多佛像，历代王朝也赐予了许多供养僧人的田地。然而云谷禅师移居到这里时的栖霞寺却完全荒废了，殿堂成了虎狼的巢穴。云谷禅师喜欢这里的幽静，于是就在千佛岭下清除野草筑庵居住，他自己也从不出山。有一次，有盗贼来偷窃云谷禅师的财物，把庵里的东西全部偷走了，这个盗贼从夜晚一直走到天亮，结果还是没有离开云谷禅师的庵舍太远。人们就把这个盗贼捉住，押送到云谷禅师那里。云谷禅师拿食物给这个盗贼吃，把他盗窃的东西也全部送给他拿去，因为此事，听说的人都受到了感化。

太宰五台陆公①，初仕为祠部主政②，访古道场，偶游栖霞，见师气宇不凡③，雅重之④。信宿山中⑤，欲重兴其寺，请师为住持。师坚辞，举嵩山善公以应命⑥。善公尽复寺故业⑦，斥豪民占据第宅⑧，为方丈、建禅堂、开讲席、纳四来⑨。江南丛林肇于此⑩，师之力也。

【注释】

①太宰：官名。历代职守不同。先秦时期的太宰为天官之长，相当于后来的宰相。明清时期，则为吏部尚书的别称。五台陆公：即陆光祖（1521—1597），字与绳。浙江平湖（今浙江平湖）人。因信仰佛法，自号“五台居士”。嘉靖二十六年（1547）进士，授知县，累迁至吏部尚书，掌管全国官吏的任免、升降、调动等事务。

②祠部：官署名。负责祭祀、天文、医药、僧尼等事。

③气宇：气质，风度。

④雅重之：非常器重他。雅，很，非常。

⑤信宿：住了两夜。《左传·庄公三年》："一宿为舍，再宿为信。""再"即"二"的意思。

⑥举：举荐。嵩山：山名。在今河南。善公：人名。嵩山高僧。生平不详。应命：担任这一使命。

⑦故业：指栖霞寺旧有的面貌。

⑧斥豪民占据第宅：赶走了占据寺庙房屋的豪强之民。斥，斥退，赶走。

⑨为方丈：修筑了方丈。为，修筑。方丈，寺庙长老及住持修行说法的地方，也指其居住之处。后来成为长老及住持的代称。禅堂：僧人修禅学佛的地方。讲席：僧人讲法的场所。纳四来：招待各地慕名而来的僧徒、信众。纳，接受，接待。

⑪丛林：本指寺庙。这里应指丛林制度，也即寺庙制度。肇：始，开始。

【译文】

礼部尚书五台居士陆公，早期在祠部主持政务的时候，到各地游览古老的佛教道场，偶尔游览到了栖霞寺，看到云谷禅师气质非凡，于是就非常器重他。陆公在这里住了两个晚上，想重新修复这座佛寺，并邀请云谷禅师担任住持。云谷禅师坚决谢绝，举荐嵩山善公禅师来承担这一使命。善公禅师全部恢复了栖霞寺过去的面貌，又赶走了那些占据寺庙房舍的豪强之民，他修筑了方丈，建起了禅堂，开设了弘扬佛法的讲堂，接纳各地慕名而来的僧徒、信众。江南的丛林制度从此开始创立，这都是云谷禅师大力促成的啊！

道场既开，往来者众，师乃移居于山之最深处，曰天开岩①，吊影如初②。一时宰官居士③，因陆公开导，多知有禅道④，闻师之风⑤，往往造谒⑥。凡参请者⑦，一见⑧，师即问曰："日用事如何[9]？"无论贵贱僧俗，入室必掷蒲团于地[10]，令其端坐，返观自己本来面目[11]，甚至终日竟夜无一语[12]。临别必叮咛曰[13]："无空过日。"再见[14]，必问别后用心功夫[15]，难易若何。故荒唐者[16]，茫无以应[17]。以慈愈切而严益重[18]，虽无门庭设施[19]，见者望崖不寒而栗[20]。

【注释】

①天开岩：一名唐公岩。位于栖霞山中，峭壁如截，势若天开，故名天开岩。

②吊影：形只影单，对影自怜。形容极度孤独。吊，慰问，怜悯。

③一时：当时。宰官：泛指官员。居士：在家修持佛法的佛教信仰者。

④禅道：指禅宗。

⑤风：风范，气度。

⑥造谒：前来拜访。造，到……去。谒，拜见，拜访。

⑦参请者：拜见并请教的人。

⑧一见：第一次见面。与下文的"再见"相对。

⑨日用事：日常做的事情。

⑩掷：丢出，拿出。蒲团：用蒲草编织而成的圆形、扁平的座垫，又称圆座，是修行人坐禅及跪拜时所用之物。

⑪本来面目：指无思无虑、极为空净的心理状态。《坛经·行由第一》："惠能云：'不思善，不思恶，正与么时，那个是明上座本来面目。'"

⑫竟夜：一整夜。竟，整个。

⑬叮咛：反复告诫，再三嘱咐。

⑭再见：第二次见面。再，二，第二次。

⑮用心：修佛之心。

⑯荒唐：讲话浮夸、不切实际或者行为放荡。这里专指浪费时日而不认真修行佛法。

⑰茫无以应：茫茫然而无法回答。无以，没有办法。应，回答。

⑱以慈愈切而严益重：因为他的慈悲之心越深切，而督责之情就越严厉。慈，即佛教经常讲的“慈悲”。“慈”是指带给他人利益与幸福，“悲”是指扫除他人的苦难。

⑲门庭设施：指寺庙的各种宗教设施。

⑳见者望崖不寒而栗：去拜访的人一看到云谷禅师就自然产生敬畏之心。望崖，类似古人说的“高山仰止”。崖，形容云谷禅师的人格品德如高山峻岭。也可以把“崖”理解为指云谷禅师的住处，实际上依然代指云谷禅师。不寒而栗，形容敬畏之心深重。

【译文】

栖霞寺重新开放之后，来来往往的人就很多，云谷禅师于是就移居到了栖霞山的最深处，那里叫天开岩，他依然像过去一样过着极为孤独的生活。当时的官员与居士，由于陆公的开导与教诲，大都知道了禅宗，他们听说了云谷禅师的风范气度，于是就常常前来拜访。所有前来参拜请教的人，如果是初次见面，云谷禅师就会询问：“日常做些什么事情啊？”无论是贵人、贱民、僧人、世人，进入屋内后，云谷禅师就一定会拿出一个蒲团放在地上，让他端坐在那里，要求他反省自己无思无虑、极为空净的本来面目，甚至于一整天一整晚也不说一句话。临别时一定反复嘱咐：“不要白白地浪费了时光啊。”如果是第二次见面，就一定会询问分别后这段时间是否下功夫用心修习佛法，修行的难易感觉如何。因此那些没有认真修行的人，就茫茫然无法回答。因为云谷禅师的慈悲之心越深切，所以督责之情就越严厉，虽然云谷禅师的门口没有什么佛教设施，但人们一看见他就自然产生敬畏之情。

然师一以等心相摄①，从来接人软语低声，一味平怀②，未尝有辞色③。士大夫归依者日益众④,即不能入山,有请见者,师以化导为心,亦就见⑤。岁一往来城中⑥,必主于回光寺⑦。每至,则在家二众⑧,归之如绕华座⑨。师一视如幻化人⑩,曾无一念分别心⑪。故亲近者,如婴儿之傍慈母。师出城多主于普德⑫,臞鹤悦公⑬,实禀其教⑭。

【注释】

①一:完全,全部。等心:平等心。相摄:对他们进行引导、教诲。相,表示动作偏指一方。摄,帮助,引导。

②平怀:心平气和。

③辞色:言辞与神态。色,表情。根据上文,这里指发怒的言辞与神态。

④归依:拜其为师。益众:越来越多。益,更加。

⑤就见:前去见面。就,接近。意思是,对于那些因为特殊原因不能进山而又很想见到云谷禅师的人,云谷禅师也会主动前去与这些人见面。

⑥岁一往来城中:每年来城中一次。岁,每年。城,指南京。

⑦主:寄居,住在。

⑧在家二众:在家修行的男女居士。

⑨如绕华座:好像围绕着莲花宝座一样。华座,又叫莲座、莲花座。莲座是佛祖的座位。本句意思是男女居士把云谷禅师视为活佛,簇拥在他的身边。

⑩师一视如幻化人:云谷禅师把他们都视为幻化人一样。佛教认为万法皆空,人也如此。一,全部。

⑪曾(zēng):副词,用来加强语气。无一念分别心:没有一点分别之心。意思是,这些前来拜谒的人,无论贵贱贫富、男女老少,云谷禅师都一视同仁。

⑫普德:寺庙名。

⑬臞鹤悦公：明代禅师名。生平不详。

⑭禀：接受，继承。

【译文】

然而云谷禅师完全以平等心对他们予以引导教诲，与人交往时从来都是低声软语，一直保持着平和的心态，从未有过生气的言辞与神色。拜他为师的士大夫越来越多，即使有一些人无法进山拜谒，只要是希望与他见面的人，云谷禅师出于教化引导的目的，也会主动前去见面。云谷禅师每年到城里一次，进城后一定会住在回光寺。每次到了回光寺，那些在家修行的男女居士，都会来拜谒他，就好像围绕着佛祖的莲花座一样。云谷禅师把他们全部视为幻化人，没有一丝一毫的分别之心。因此那些亲近云谷禅师的人，就如同婴儿依偎在慈母身边一样。云谷禅师出城后大多住在普德寺，寺里的臞鹤悦公禅师，确确实实就是接受、秉持了云谷禅师的教诲。

先太师翁[①]，每延入丈室[②]，动经旬月[③]。予童子时[④]，即亲近执侍[⑤]，辱师器之[⑥]，训诲不倦。予年十九，有不欲出家意。师知之，问曰："汝何背初心耶[⑦]？"予曰："第厌其俗耳[⑧]。"师曰："汝知厌俗，何不学高僧？古之高僧，天子不以臣礼待之，父母不以子礼畜之[⑨]。天龙恭敬[⑩]，不以为喜[⑪]。当取《传灯录》《高僧传》读之[⑫]，则知之矣。"予即简书笥[⑬]，得《中峰广录》一部[⑭]，持白师[⑮]。师曰："熟味此[⑯]，即知僧之为贵也。"予由是决志薙染[⑰]，实蒙师之开发[⑱]，乃嘉靖甲子岁也[⑲]。

【注释】

①先太师翁：即前文提到的"先太师祖"西林老禅师。

②每：每每，经常。延：邀请。丈室：即方丈。

③动经旬月：常常就是十天、一个月。动，动不动，常常。

④予：指本文作者憨山禅师。

⑤执侍：侍奉，伺候。执，做事。

⑥辱：谦辞。意思是这样做让对方受到屈辱。师：指云谷禅师。器之：器重我。之，代指憨山禅师自己。

⑦背初心：违背你最初的出家心愿。《憨山老人自序年谱实录》记载，憨山幼年时病重，因祈祷观世音菩萨而痊愈，故乳名叫“和尚”。在他十一岁时，“遂发出家之志”。

⑧第厌其俗：只是讨厌这个世俗社会而已。第，只是。《憨山老人自序年谱实录》：“予年十二……居常不乐俗，父为定亲，立止之。”一说是指讨厌僧人们太庸俗了。

⑨畜：养育，教养。这里引申为对待。

⑩天龙：天神与神龙。一说“天龙”应连读，指天龙八部，包括八种神鬼怪物，因为“天众”及“龙众”最为重要，所以称为“天龙八部”。八部包括：一天众，二龙众，三夜叉，四乾达婆，五阿修罗，六迦楼罗，七紧那罗，八摩睺罗伽。许多大乘佛经记载，佛祖说法时，常有天龙八部参与听法。

⑪不以为喜：高僧也不会因此而感到喜悦。这样讲，一是说明高僧之高贵，二是说明高僧心静如水，视万物皆空。

⑫《传灯录》：又称“灯录”，泛指记载禅宗历代传法机缘的著作。传灯，意思是以法传人，如灯火相传，辗转不绝。主要作品有《景德传灯录》《天圣广灯录》《五灯会元》等等。《高僧传》：指历代记载高僧生平事迹的史书，主要有《高僧传》《续高僧传》《宋高僧传》等。

⑬简：检查，寻找。书笥（sì）：书箱。

⑭《中峰广录》：又叫《天目中峰和尚广录》，三十卷，元代中峰明本禅师（1263—1323）撰写，收录了历代高僧的行迹及言论。明本

禅师是元朝高僧，钱塘新城（今浙江杭州富阳区）人。俗姓孙，号中峰，法号智觉，元仁宗赐谥“普应国师”。

⑮白：告诉，汇报。

⑯熟味此：仔细研读这本书。熟，反复，仔细。味，玩味，研读。

⑰由是：因此。是，此。决志：决心，决定。薙（tì）染：剃去头发，染成缁衣。指出家为僧。薙，同“剃”。剃去头发。染，染成缁衣。缁衣，黑色的衣服。古代僧人穿缁衣。

⑱开发：启发，教诲。

⑲乃：是。嘉靖：明世宗朱厚熜的年号，1522—1566年。甲子：即1564年。

【译文】

先太师翁西林老禅师，经常把云谷禅师邀请到自己的方丈里，两人常常就是十天、一个月地在一起。我还是少年时，就在他们身边侍奉他们，承蒙云谷禅师对我的器重，孜孜不倦地教诲我。我十九岁那年，产生了不想出家的念头。云谷禅师知道后，就问我：“你为什么违背了当初想出家的意愿呢？”我回答说：“那时只是讨厌世俗的生活而已。”云谷禅师说：“你既然讨厌世俗生活，为什么不学着做一位高僧呢？古代那些高僧，天子不能用臣子的礼节对待他，父母不能用子女的身份教养他。天神与神龙对他都十分恭敬，而高僧也不会为此而感到喜悦。你应该把《传灯录》《高僧传》仔细读一读，就会明白了。”我马上检查书箱，找到了一本《中峰广录》，我就拿着这本书向云谷禅师汇报。云谷禅师说：“仔细研读这本书，就知道做高僧的高贵之处了。”于是我就决定剃去头发、穿上缁衣出家为僧，这确实是承蒙云谷禅师的启发而做出的决定，这一年是嘉靖甲子年。

丙寅冬①，师愍禅道绝响②，乃集五十三人，结坐禅期于天界③。师力拔予入众同参④，指示向上一路⑤，教以念佛审实话头，是时始知有宗门事[6]。比南都诸刹[7]，从禅者四五人耳。

【注释】

①丙寅：即1566年。

②愍：悲悯，惋惜。禅道：禅宗。绝响：无声无息，极度衰落。

③结坐禅期于天界：在天界寺坐禅修行一段时间。结坐，又叫“结跏趺坐”“吉祥坐”，佛教徒坐禅的一种姿势，即交叠左右足背于左右股上而坐。这里泛指修禅。禅期，在一定的时间段之内，学习修禅的方法，过着修禅的生活，叫禅期。禅期可以有七天、二十一天、九十天的，也可以有一年、三年的。天界，寺庙名。即天界寺。

④力拔：竭力推荐。

⑤向上一路：达到彻悟境界的门路、方法。

⑥是时：此时。是，此。宗门事：指禅宗的修行方法、内容。禅宗自称“宗门”，称其他佛教宗派为“教门”。

⑦南都：即南京。刹（chà）：寺庙。

【译文】

丙寅年冬天，云谷禅师对禅宗的极度衰落十分惋惜，于是就召集了五十三位同道，在天界寺修禅一段时间。云谷禅师竭力推荐我参与进来与大家一起修禅，为我们指出通向彻悟境界的法门，教育我们要切实领悟“念佛”的话头，直到此时我才知道禅宗的一些修习方法与内容。与当时南京其他寺庙相比，那些寺庙修禅的人不过只有四五人而已。

师垂老[1]，悲心益切[2]。虽最小沙弥[3]，一以慈眼视之[4]，遇之以礼，凡动静威仪[5]，无不耳提面命，循循善诱，见者人人以为亲己。

【注释】

①垂老：将近暮年。垂，将近。

②悲心益切：慈悲之心更加深切。益，更加。

③虽：即使。小沙弥：俗称“小和尚”。指年龄不足二十岁或其他刚刚出家的男子，其地位低于比丘。同类的女子则称“沙弥尼”。

④一以慈眼视之：同样以慈悲之心看待他们。一，一样，同样。

⑤动静：泛指一举一动。威仪：又称“四威仪”，佛教经律以行、立、坐、卧所应遵循的仪则为“四威仪”。

【译文】

云谷禅师慢慢进入暮年，而他的慈悲之心越发深切。即使对年龄最小的沙弥，他也同样以慈悲之心对待他，对他非常有礼貌，其一举一动、四威仪等等事宜，云谷禅师无不耳提面命，循循善诱，凡是看到云谷禅师的人，人人都认为他对自己特别亲近。

然护法心深①，不轻初学②，不慢毁戒③。诸山僧多不律④，凡有干法纪者⑤，师一闻之，不待求而往救，必恳当事⑥，谓佛法付嘱王臣为外护⑦，惟在仰体佛心⑧，辱僧即辱佛也。闻者莫不改容⑨。必至释然解脱而后已⑩，然竟罔闻于人者⑪，故听者⑫，亦未尝以多事为烦⑬。久久⑭，皆知出于无缘慈也⑮。

【注释】

①护法心深：爱护佛法的心情特别深切。

②不轻初学：不轻视刚刚修习佛法的人。

③不慢毁戒：不轻视那些违反戒规的僧人。慢，轻慢，轻视。

④诸山僧多不律：许多山里僧人不守戒律。

⑤干法纪：违反了法律。干，干犯，违反。法纪，指官府的法律。

⑥必恳当事：一定会恳请当权者。当事，指主办此案的当权者。

⑦谓佛法付嘱王臣为外护：说佛法完全托付给官府，让官府作为外部护法者。王臣，泛指帝王、官员。僧人依照佛教戒律，修养自己的身心，一心向佛，称为内护；官府、族亲能够摧邪扶正、供给僧人衣食等，称为外护。

⑧惟在仰体佛心：只是希望能够尊敬、体悟佛祖的用心。惟，只是。仰，敬慕，尊敬。体，体悟，领悟。

⑨改容：改变了面容。即被云谷禅师的真诚所感动。

⑩释然解脱：释放。释然，自由的样子。解脱，释放。

⑪然竟罔闻于人者：然而他做的这些事最终也不愿意让别人知道。即不愿炫耀自己的功德。竟，最终。罔，无，没有。

⑪听者：听说这些事情的人。

⑬未尝以多事为烦：不会认为云谷禅师太多事而厌烦他。

⑭久久：时间长久。

⑮无缘慈：指佛祖的慈悲之心。佛祖以无分别心、无执著心去普救一切众生。无缘慈是绝对的慈悲，真实的慈悲，也为最高的慈悲。

【译文】

然而云谷禅师爱护佛法的心情特别深切，他既不轻视那些初学佛法的人，也不蔑视那些违背戒律的僧人。许多山里僧人不守戒律，对于那些凡是违反了官府法律的人，云谷禅师一旦听说，不须求救就会主动前去救助，他一定会恳请有关办案官员，说佛法嘱咐帝王、官员为佛教的外部护法者，只希望他们能够尊重、体悟佛祖的用心，再说羞辱僧人就等于羞辱了佛祖。听到这些话的官员无不为此而动容。云谷禅师一直救助到这些犯法僧人被释放为止，然而他最终也不愿意别人知道这些事情，因此那些听到这些事情的人，也从不会认为云谷禅师太多事而厌烦他。时间久了，人们都知道云谷禅师这样做是出于像佛祖一样的大慈大悲之心。

了凡袁公未第时[①]，参师于山中，相对默坐三日夜，师示之以唯心立命之旨[②]。公奉教[③]，事详《省身录》[④]。由是师道日益重[⑤]。隆庆辛未[⑥]，予辞师北游。师诫之曰："古人行脚[⑦]，单为求明己躬下事[⑧]，尔当思他日将何以见父母师友，慎毋虚费草鞋钱也[⑨]。"予涕泣礼别。

【注释】

①了凡袁公：即袁了凡。公，对袁了凡的尊称。未第时：未考中科举时。袁了凡与云谷禅师见面时，已经身为秀才，但还未考中举人。

②唯心：一切唯心所造的佛理。佛教认为，万事万物都是心的显现，都是由心所造，心之外不存在任何事物。立命：把控自己的命运。旨：旨意，道理。

③奉教：接受了教诲。

④《省身录》：著作名。是现存袁了凡劝善书中的最早刻本，也是《了凡四训》首篇"立命之学"的原型。

⑤由是：从此。是，此。师道：师风。具体指云谷禅师的道德风范。

⑥隆庆：明穆宗朱载垕的年号，1567—1572年。辛未：即1571年。

⑦行脚：又叫"游方"。指僧人为了寻访名师，或者为了教化他人而广游四方。这样的僧人，称为"行脚僧"。

⑧单：单单，只是。明己躬下事：明白自己的本来面目。躬下事，自身的眼下事。即明白自己的本来面目，以达到彻底空净的精神境界。

⑨慎毋：千万不要。虚费草鞋钱：白费了买草鞋的钱。形容白费了

功夫。

【译文】

袁了凡先生还没有考中举人时，曾到栖霞山中参拜云谷禅师，两人面对面、一语未发地静坐了三天三夜，后来云谷禅师向他开示了一切唯心所造及如何把握自身命运的道理。袁了凡先生接受了这些教诲，其事详见于他撰写的《省身录》。从此云谷禅师的道德风范一天天地更加受到人们的重视。隆庆辛未年，我告别云谷禅师到北方去游学。云谷禅师告诫我："古代的僧人游历四方，目的就是为了明白自身的本来面目以尽快达到空净境界，你应该仔细想想将来拿什么来见你的父母、师父和朋友，千万不要白白浪费了你的买草鞋钱啊。"我流着眼泪向云谷禅师行礼告别。

壬申春①，嘉禾吏部尚书默泉吴公、刑部尚书旦泉郑公、平湖太仆五台陆公与弟云台②，同请师故山③。诸公时时入室问道，每见必炷香请益④，执弟子礼。达观可禅师⑤，常同尚书平泉陆公、中书思庵徐公谒师⑥，叩《华严》宗旨⑦。师为发挥四法界圆融之妙⑧，皆叹未曾有⑨。

【注释】

①壬申：即1572年。

②嘉禾吏部尚书默泉吴公：指吴鹏（1500—1579），字万里，号默泉。浙江秀水（今浙江嘉兴）人。先后任工部主事、工部尚书、吏部尚书。嘉禾，地名。宋置嘉禾郡，即明代的嘉兴府（今浙江嘉兴）。吏部，官署名。隋唐至明清中央行政机构的六部之一，掌管全国官吏的任免、考核、升降、调动等事，其主官为吏部尚书。刑部尚书：官名。刑部，古代六部之一，主管刑罚，其主官为刑部尚书。

旦泉郑公:指郑晓(1499—1566),字窒甫,号淡泉。海盐县(今浙江海盐)人。先后任职方主事、兵部右侍郎、刑部尚书等职。本段中的"旦泉"疑为"淡泉"音同而误。平湖太仆五台陆公:即前文提到的陆光祖。太仆,官名。始置于春秋。秦、汉沿袭,为九卿之一,掌皇帝的舆马。历代沿置不变,清废。陆光祖曾任南京太仆少卿。云台:陆光祖的弟弟陆云台。生平不详。

③同请师故山:一起邀请云谷禅师回到故乡弘扬佛法。故山,故乡之山。喻指故乡。

④炷(zhù)香:烧香。炷,点燃。

⑤达观可禅师:指真可禅师(1543—1603),明代僧人。俗姓沈,吴江(今江苏苏州吴江区)人。字达观,晚号紫柏大师,门人尊他为"紫柏尊者",是明末四大师之一。

⑥尚书平泉陆公:指陆树声(1509—1605),字与吉,号平泉。松江华亭(今上海松江区)人。先后任翰林院编修、太常卿、礼部尚书等职。中书:官名。负责典章法令撰拟、记载、翻译、缮写等工作。思庵徐公:徐思庵。生平不详。谒:拜谒,拜访。

⑦叩:叩问,请教。《华严》:佛教经典。即《华严经》,全称《大方广佛华严经》,是华严宗据以立宗的重要经典。

⑧发挥:阐述。四法界圆融:这一观点代表华严宗对世界的看法。四法界指的是:事法界(事物的差别性或人的初步认识,是凡夫的认识)、理法界(指清净的本体世界,即对万法皆空的认识)、理事无碍法界(万物皆空之理含摄万事万物,万事万物本性统一于"空",因此理与事圆融无碍)、事事无碍法界(万事万物之间也相互圆融而不相碍)。第一种属于俗智,后三种属于佛智。

⑨未曾有:从未听到过的精妙佛法。

【译文】

壬申年的春天,籍贯嘉禾的吏部尚书吴默泉、刑部尚书郑旦泉、籍贯平湖的太仆陆五台与弟弟云台，一起邀请云谷禅师回故乡弘扬佛法。他们几位时常到云谷禅师的住室去讨教佛法，每次见面一定会先点燃香，然后请求开示，并向云谷禅师行弟子礼节。达观可禅师，也经常与尚书陆平泉、中书徐思庵一起去拜谒云谷禅师，请教《华严经》的主旨。云谷禅师就为他们阐述四法界圆融的精妙理论，大家都感叹说这是从未听到过的精妙佛法。

师寻常示人①，特揭唯心净土法门②。生平任缘③，未尝树立门庭④。诸山但有禅讲道场⑤，必请坐方丈。至则举扬百丈规矩⑥，务明先德典型⑦，不少假借⑧。居恒安重寡言⑨，出语如空谷音⑩。定力摄持⑪，住山清修⑫，四十余年如一日，胁不至席⑬。终身礼诵，未尝辍一夕⑭。当江南禅道草昧之时⑮，出入多口之地⑯，始终无议之者⑰，其操行可知已⑱。

【注释】

①寻常：平常，平时。示：开示，教诲。

②特揭唯心净土法门：特别标举出“空净之心就是佛地净土”这一修习法门。揭，举起，揭示。唯心净土，空净之心就是佛地净土。《坛经·疑问品》：“迷人念佛求生于彼，悟人自净其心。所以佛言：‘随其心净，即佛土净。’”法门，修佛的门径、方法。

③生平任缘：一生处处随缘。

④门庭：门派，宗派。

⑤山：指所有山中的寺庙。但：只，只要。禅讲道场：阐说禅宗的道场。

⑥举扬：宣扬，宣传。百丈规矩：百丈怀海所立下的清规戒律。百丈，指唐代高僧怀海禅师（720—814）。怀海禅师为福州长乐

（今福建长乐）人，因为他住在洪州百丈山（今江西奉新）弘扬佛法，故称“百丈怀海”。怀海禅师曾撰著《百丈清规》一书，其内容主要是关于佛教寺院、僧团生活的规矩，为后世寺院僧人所遵循。

⑦务明先德典型：务必要知道并学习昔日那些高僧大德立下的规矩。先德，指以前的高僧大德。典型，常规，规矩。

⑧不少假借：不会有任何宽容。即要求十分严格。少，通“稍”。稍微。假借，宽容。

⑨居：平时。恒：永远，经常。安重：安详而稳重。

⑩空谷音：又叫“空谷足音”。形容声音温暖亲切。《庄子·徐无鬼》：“夫逃虚空者，藜藋柱乎鼪鼬之径，踉位其空，闻人足音跫然而喜矣。”意思是：“那些逃往空无人烟之处的人，满眼都是野草覆盖着的野兽出没的小路，一个人艰难孤独地生活在无人之地，一旦听到人的脚步声就会高兴异常。”一说“空谷音”的意思是形容声音洪亮畅达。

⑪定力：指清除烦恼的禅定之力，以及把握自我的意志力。这里主要指后者。摄持：接受，守护。这里具体指修护佛法。

⑫清修：清净修行。另外，佛教把在家修行也叫“清修”。

⑬胁（xié）不至席：从未躺在床上。也即一直端坐着。胁，胸部的两侧。

⑭未尝辍一夕：一天也未曾中断过。未尝，不曾。辍，停止。一夕，代指一天。

⑮草昧：初创。这里指刚刚复兴。草，草创。昧，昏暗不明。把“草昧”理解为“混乱”也可以。

⑯出入多口之地：生活在人多嘴杂的地方。出入，活动，生活。多口，人多嘴杂。

⑰议：这里专指非议。

⑱已：通“矣”。句末语气词。

【译文】

云谷禅师平时在教导别人时，特别注意宣传“只有清净之心才是佛门净土”这一修佛的途径。他一生处处随缘，不曾树立自己的门派。所有山中的寺庙只要开设演讲禅宗思想的道场，就一定会邀请云谷禅师坐在方丈的位置上。云谷禅师一到场就宣扬百丈怀海禅师所订立的规矩，要求僧人务必要知道从前那些高僧大德所定下的清规戒律，他对此要求非常严格。云谷禅师平日里总是安详稳重，沉默寡言，一旦讲话就像空谷足音那样温柔亲切。云谷禅师用自己的坚强意志力去修习、护持佛法，住在山中清静修行，四十多年如一日，一直端坐而从未躺在床上。他终生礼拜佛祖、诵读佛经，不曾中断过一天。当时正是江南禅宗刚刚复兴的时候，云谷禅师又生活在人多嘴杂的地方，然而始终没人对他有过非议，云谷禅师的操行之高就可想而知了。

师居乡三载①，所蒙化者以千万计②。一夜，四乡之人见师庵中大火发。及明趋视③，师已寂然而逝矣④，万历三年乙亥正月初五日也⑤。师生于弘治庚申⑥，世寿七十有五⑦，僧腊五十⑧。弟子真印等，荼毗葬于寺右⑨。

【注释】

①三载：三年。载，年，岁。《尔雅·释天》：“载，岁也。夏曰岁，商曰祀，周曰年，唐虞曰载。”夏朝把一年叫“岁”，商朝把一年叫“祀”，周朝把一年叫“年”，尧、舜的时候把一年叫“载”。

②蒙化者：接受教化的人。蒙，受，接受。

③及明：等到天亮。趋视：跑去探视。趋，小步跑。

④寂然：形容安详去世的样子。逝：逝世，去世。

⑤万历:明神宗朱翊钧的年号,1573—1620年。乙亥:即1575年。

⑥弘治:明孝宗朱祐樘的年号,1488—1505年。庚申:即1500年。

⑦世寿:佛教称僧尼的实际寿命为“世寿”。七十有五:七十五岁。有,用在整数与零数之间,相当于“又”。

⑧僧腊:受戒后的年岁。佛教把受戒成为僧人以后,每过一年叫“一腊”。

⑨荼毗(pí):梵语音译。指僧人死后将遗体火化。寺右:大云寺的右边。寺,指云谷禅师的家乡浙江嘉善大云寺。

【译文】

云谷禅师居住在自己的家乡一共三年,受到他教化的人成千上万。有一天晚上,四方乡邻看到云谷禅师所居住的庵舍燃起了大火。到了天亮之后,人们跑去探视,云谷禅师已经安详地去世了,这一天是万历三年(乙亥年)的正月初五日。云谷禅师生于弘治庚申年,世寿七十五岁,僧腊五十岁。他的弟子真印等人,把他火化后安葬在大云寺的右侧。

予自离师,遍历诸方①,所参知识②,未见操履平实、真慈安详之若师者③。每一兴想④,师之音声色相⑤,昭然心目⑥。以感法乳之深⑦,故至老而不能忘也。师之发迹入道因缘⑧,盖常亲蒙开示⑨。第末后一着⑩,未知所归⑪。前丁巳岁⑫,东游,赴沈定凡居士斋⑬,礼师塔于栖真⑭,乃募建塔亭⑮,置供赡田⑯,少尽一念⑰。见了凡先生铭未悉⑱,乃概述见闻行履⑲,为之传,以示来者⑳。师为中兴禅道之祖,惜机语失录㉑,无以发扬秘妙耳㉒。

【注释】

①诸方:全国各地。

②参:参请,请教。知识:德才兼备的人。
③操履:操行,品德。真慈:真正的慈悲之心。
④兴想:想起。兴,起。
⑤色相:相貌,音容。
⑥昭然心目:清清楚楚地展现在我的心中和眼前。昭然,清清楚楚的样子。
⑦法乳:比喻佛法。佛法如乳汁一样可以哺育众生,故称。
⑧发迹:兴起的过程或情况。这里具体指云谷禅师由世俗逐步进入佛教的过程。道:佛法。因缘:缘由,经过。
⑨盖:连词。连接上一句或上一段,表示推论原因。开示:讲给我听。
⑩第末后一着(zhāo):只是他的最后情况,最后的一步。很可能指的就是云谷禅师圆寂于大火之中这件事情。第,但是。着,下棋时下一子或走一步叫一着。
⑪所归:他的归依。即情况,包括他所达到的思想境界与生活情况。
⑫丁巳:即1617年。
⑬沈定凡:人名。生平不详。斋:斋饭供养。
⑭礼师塔于栖真:礼拜了云谷禅师生前居住的栖真庵旁边的灵骨塔。塔,供奉或收藏佛舍利、佛像、佛经、僧人遗体等物的高耸型建筑物,称“佛塔”,这里应指存放云谷禅师遗骨的塔。
⑮募建塔亭:募集款项为云谷禅师的灵骨塔修筑了一座亭子。
⑯置供赡田:购置了供养塔亭、用于祭祀的田地。
⑰少尽一念:稍稍尽一点感恩之心。少,通“稍”。
⑱见了凡先生铭未悉:看到袁了凡先生为云谷禅师写的碑铭还不够详尽。悉,详尽。
⑲见闻行履:看到的、听到的关于云谷禅师的生平事迹。行履,行为,经历。

⑳以示来者：留给后人瞻仰、学习。来者，后来的人。

㉑机语：含有禅机、佛理的语言。

㉒无以：没有办法。秘妙：隐微神妙的思想。

【译文】

我自从离开云谷禅师以后，走遍了全国各地，在我所参拜的德才兼备的高僧里面，还没有见过像云谷禅师那样操行平和切实、慈悲安详的人。每次想起此事，云谷禅师的声音容貌，就清清楚楚地展现在我的心中和眼前。因为感念云谷禅师用佛法培育我的深恩，所以我一直到了老年也无法忘记他。云谷禅师最初由世俗进入佛教的缘由，我常常亲自听到过他的讲述。但是他最后的思想境界及生活经历，我就不太清楚了。从前的丁巳年，我到东边游历，准备去接受沈定凡居士的供养，顺便瞻礼了云谷禅师栖真庵旁边的灵骨塔，于是就筹集善款为云谷禅师的灵骨塔修筑了一座亭子，并且置办了一些供养塔亭、用于祭祀的田地，稍稍尽一点感恩之心。我看到袁了凡先生为云谷禅师写的碑铭还不够详尽，就概述了自己所见到、听到的关于云谷禅师的生平经历，为他写了这篇传记，以供后人瞻仰、学习。云谷禅师是禅宗中兴的宗主，可惜的是他饱含禅机、佛理的话语都没有记录下来，也就无法继续发扬光大他的微妙思想了。

附录三

功过格

【题解】

云谷禅师赠《功过格》与袁了凡先生，了凡夫妇便依据功过格，把自己每天的善恶言行分类记入日历，以敦促自己多多行善。这里附录的《功过格》，相传即了凡夫妇所持守的《功过格》。

斗转星移，事过境迁。我们自然应与时俱进，在此基础上制定新的功过标准，然后以此为据，把个人功过逐日记入日历，每过一段时间，或一日，或一周，或一月，对个人功过予以加减计算，弄清自己是功大于过，还是过大于功。比如月初“发一言利及百姓”，可记50功；月底曾经“反背师长”，就要记30过；功过相抵，本月立20功。反之，月初“发一言害及百姓”，就要记50过；月底“成就一人德业”，可记30功；功过相抵，本月犯20过。其他以此类推。

如能持之以恒地改过积善，不仅可以俯仰无愧，还会为自己和子孙带来无量的福报。

关于《功过格》注译的说明：先列出《功格》表，然后依次是《功格》的原文、注释、译文。《过格》也是如此。

功格			
准百功			
救免一人死		完一妇女节	
阻人不溺一子女		为人延一嗣	
准五十功			
免堕一胎		当欲染境，守正不染	
收养一无倚		葬一无主骸骨	
救免一人流离		救免一人军徒重罪	
白一人冤		发一言利及百姓	
准三十功			
施一葬地与无土之家		化一为非者改行	
度一受戒弟子		完聚一人夫妇	
收养一无主遗弃门孩		成就一人德业	
准十功			
荐引一有德人		除一人害	
编纂一切众经法		以方术治一人重病	
发至德之言		有财势可使而不使	
善遣妾婢		救一有力报人之畜命	
准五功			
劝息一人讼		传人一保益性命事	
编纂一保益性命经法		以方术救一人轻疾	
劝止传播人恶		供养一贤善人	
祈福禳灾等，但许善愿不杀生		救一无力报人之畜命	
准三功			
受一横不嗔		任一谤不辩	
受一逆耳言		免一应责人	

功格			
劝养蚕、渔人、猎人、屠人等改业		葬一自死畜类	
准一功			
赞一人善		掩一人恶	
劝息一人争		阻人一非为事	
济一人饥		留无归人一宿	
救一人寒		施药一服	
施行劝济人书文		诵经一卷	
礼忏百拜		诵佛号千声	
讲演善法谕及十人		兴事利及十人	
拾得遗字一千		饭一僧	
护持僧众一人		不拒乞人	
接济人、畜一时疲顿		见人有忧,善为解慰	
肉食人持斋一日		见杀不食	
闻杀不食		为己杀不食	
葬一自死禽类		放一生	
救一细微湿化之属命		作功果荐沉魂	
散钱、粟、衣帛济人		饶人债负	
还人遗物		不义之财不取	
代人完纳债负		让地让产	
劝人出财作种种功德		不负寄托财物	
建仓平粜、修造路桥、疏河掘井、修置三宝寺院、造三宝尊像及施香烛灯油等物,施茶水、舍棺木一切方便等事			
*自“作功果”以下,俱以百钱为一功。			
共计：　　　功			

准百功[①]：

救免一人死。

完一妇女节[②]。

阻人不溺一子女[③]。

为人延一嗣[④]。

【注释】

①准百功：折合一百个功德。准，折算，抵充。“准百功”在这里是指：以下四种善事，每做一种都可以折合为一百个功德。

②完一妇女节：保全一个妇女的贞节。完，保全。节，节操，贞节。对社会影响极大的宋明理学对妇女的贞节十分重视，《二程全书·遗书二十二》：“又问：‘或有孤孀贫穷无托者，可再嫁否？’曰：‘只是后世怕寒饿死，故有是说。然饿死事极小，失节事极大！’”因为时人把妇女贞节看得如同生命一样重要，所以能够“完一妇女节”，也可以折算一百个功德。

③阻人不溺一子女：劝阻别人，不让别人溺死一个刚刚出生的子女。即救下一个弃婴。在中国古代，抛弃婴儿是个非常严重的社会问题。《韩非子·六反》：“且父母之于子也，产男则相贺，产女则杀之。此俱出父母之怀衽，然男子受贺，女子杀之者，虑其后便，计之长利也。”实际上，由于经济、宗教等各种原因，男婴也会被遗弃，比如周民族的先祖后稷，就是因为曾经被母亲抛弃过，故名“弃”。《史记·周本纪》：“周后稷，名弃。其母有邰氏女，曰姜原。姜原为帝喾元妃。姜原出野，见巨人迹，心忻然说，欲践之，践之而身动如孕者。居期而生子，以为不祥，弃之隘巷，马牛过者皆辟不践……姜原以为神，遂收养长之。初欲弃之，因名曰弃。”历代朝廷推行仁政的重要措施之一就是“建官舍以处流民，给粮以

收弃婴”(《明史·食货志二》)。一说:“溺一子女”指溺爱子女。此解似不确,因为能够“准百功”的善事都极为重大,劝阻别人不溺爱子女就能够折算一百功,不合情理。

④为人延一嗣:(用医学、祈祷等手段)帮助别人生下一位子嗣。嗣,子孙,后代。

【译文】

以下每种善行都可以折算为一百个功德:

拯救了一个人的生命。

保全了一个妇女的贞节。

劝阻别人,不让别人溺死一个刚刚出生的子女。

帮助别人生下一个后代子孙。

准五十功:

免堕一胎。

当欲染境,守正不染①。

收养一无倚②。

葬一无主骸骨③。

救免一人流离④。

救免一人军徒重罪⑤。

白一人冤⑥。

发一言利及百姓。

【注释】

①当欲染境,守正不染:面对自己的欲望与能够败坏自己品行的不良环境,能够坚守正确的原则,不受环境的污染。染境,能够污染自己品行的环境。儒、释、道三家都认为,人的本性是美好的,

后来人心之所以变坏,都是由于追名逐利的环境把美好的本性污染了。

②无倚:无依无靠之人。倚,依靠。

③骸骨:尸骨。

④流离:流离失所。到处流浪,无家可归。

⑤军徒:因犯罪而被流放到边远地区从事强迫性的屯垦或充当军人,即人们常说的发配充军。在古代,充军是轻于死刑、重于流放的一种刑罚:"流有安置,有迁徙,有口外为民,其重者曰充军。充军者,明初唯边方屯种。后定制,分极边、烟瘴、边远、边卫、沿海、附近。军有终身,有永远。"(《明史·刑法志一》)

⑥白:洗白,平反。

【译文】

以下每种善行都可以折算为五十个功德:

避免一个胎儿流产。

面对自己的欲望与能够败坏自己品行的不良环境,能够坚守正确的原则,不受环境的污染。

收养一位无依无靠的人。

安葬一具无主的尸骨。

救助一个人,不让他流离失所。

救助一个人,让他免除到远方充军的重罪。

平反一个人的冤情。

提出一个有利于百姓的建议。

准三十功:

施一葬地与无土之家①。

化一为非者改行②。

度一受戒弟子[3]。

完聚一人夫妇。

收养一无主遗弃门孩[4]。

成就一人德业。

【注释】

①施一葬地与无土之家：赠送一块墓地给没有土地安葬亲人的人家。施，布施，赠送。《明史·太祖本纪》："太祖时年十七，父母兄相继殁，贫不克葬。里人刘继祖与之地，乃克葬，即凤阳陵也。……追封刘继祖为义惠侯。"明太祖朱元璋十七岁时，父母兄长相继去世，而朱家无安葬之地，同乡刘继祖出于同情，送他一块墓地。为了报答刘继祖的恩德，朱元璋于即位的第十一年（洪武十一年，1378），追封已经去世的刘继祖为义惠侯。

②化一为非者改行（xíng）：教育一个为非作歹的人改变自己的错误言行。化，教化，教育。

③度：剃度，使人离开俗世出家为僧。受戒弟子：即僧尼。佛教信徒出家为僧尼，叫"受戒"。

④门孩：同门同族的孩子。一说指被遗弃在自家门口的孩子。

【译文】

以下每种善行都可以折算为三十个功德：

赠送一块墓地给没有土地安葬亲人的人家。

教育一个为非作歹的人，让他改邪归正。

帮助一个人出家为僧尼。

帮助一对夫妻团聚。

收养一个无主的、被遗弃的同族孩子。

帮助一个人成就他的品德与事业。

准十功：

荐引一有德人①。

除一人害②。

编纂一切众经法③。

以方术治一人重病④。

发至德之言⑤。

有财势可使而不使⑥。

善遣妾婢⑦。

救一有力报人之畜命⑧。

【注释】

①荐引：引荐，举荐。

②除一人害：驱除一个伤害别人的坏人。本句与上句“荐引一有德人”相对。

③编纂一切众经法：编印儒、佛、道等所有的经书及劝善书籍。众经法，众多的经书、法典。对于本句的理解不可过分胶着，因为对于个人来说，是没有能力编印“一切众经法”的。

④以方术治一人重病：用医学、卜筮、祈祷等方法治愈一个人的严重疾病。方术，古人把医、卜、星、相等，统称为“方术”。《文心雕龙·书记》：“方者，隅也。医药攻病，各有所主，专精一隅，故药术称方。术者，路也。算历极数，见路乃明，《九章》积微，故以为术。”

⑤发至德之言：发表品德最为美好的言论。至德，最好的品德。

⑥有财势可使而不使：虽然有钱有势，但不使用自己的钱、势去威逼别人。使，使用。

⑦善遣（wèi）妾婢：善待家里的奴婢。遗，送给，加给。这里引申为

对待。妾,女奴。婢,婢女,使女。

⑧有力报人之畜:有力量报答人类的牲畜。如牛、马等。

【译文】

以下每种善行都可以折算为十个功德:

举荐一位品德美好的人。

驱除一个伤害别人的坏人。

编纂、印制儒、佛、道等所有的经书及劝善书籍。

用医学、卜筮、祈祷等方法治愈一个人的严重疾病。

发表品德最为美好的言论。

虽然有钱有势,但不使用自己的钱、势去威逼别人。

善待家里的奴婢。

救助一个有力量报答人类的牲畜的生命。

准五功:

劝息一人讼①。

传人一保益性命事②。

编纂一保益性命经法。

以方术救一人轻疾。

劝止传播人恶③。

供养一贤善人。

祈福禳灾等,但许善愿不杀生④。

救一无力报人之畜命⑤。

【注释】

①劝息一人讼:劝阻一个人不要打官司。即止息一场诉讼。息,止息。讼,诉讼,打官司。

②传人一保益性命事：传授给人们一件能够保护生灵、有益健康的事例或技能。“保益性命”有两层含义，一是保护所有生灵的生命，一是保护自己的生命。

③传播人恶：传播别人的缺点与错误。即说人坏话。

④祈福禳（ráng）灾等，但许善愿不杀生：为祈福除灾而举行祭祀活动时，只许下善良的愿望，而不去杀害生灵做祭品。禳，为消除灾殃而举行的一种祭祀。但，只。古代世俗人举行祭祀活动时，往往杀生以做祭品，佛教对此表示反对。

⑤无力报人之畜：没有力量报答人类的牲畜。如猪、羊。

【译文】

以下每种善行都可以折算为五个功德：

劝阻一个人不要打官司。

传授给人们一件能够保护生灵、有益健康的事例或技能。

编纂、印制一种保护生灵、有益健康的经书或方术。

用医学、卜筮、祈祷等方法治愈一个人的轻微疾病。

劝阻人们，不要去传播别人的缺点与错误。

供养一位贤惠、善良的人。

为祈福除灾而举行祭祀活动时，只是许下善良的愿望，而不去杀害生灵做祭品。

救助一个没有力量报答人类的牲畜的生命。

准三功：

受一横不嗔①。

任一谤不辩②。

受一逆耳言③。

免一应责人④。

劝养蚕、渔人、猎人、屠人等改业[⑤]。

葬一自死畜类。

【注释】

①受一横不嗔（chēn）：受到别人一次无理对待而毫不生气。横，蛮横，不讲道理。嗔，生气，发怒。

②任一谤不辩：任凭别人的诽谤而不去辩解。即听到别人的诽谤而不去辩解。关于“任一谤不辩”的原因，《了凡四训·改过之法》解释说：“又闻谤而不怒，虽谗焰熏天，如举火焚空，终将自息；闻谤而怒，虽巧心力辩，如春蚕作茧，自取缠绵。怒不惟无益，且有害也。”

③逆耳言：听起来让人感到很不舒服的中肯而尖锐的批评。

④免一应责人：不去责备一个应该受到责备的人。即以宽容为怀，对别人不求全责备。

⑤养蚕：养蚕人。养蚕人要把蚕茧放在水中烹煮，才能抽出蚕丝，而蚕茧是有生命的，因此煮茧抽丝也是在残害生命，所以《了凡四训·积善之方》说：“求丝煮茧，锄地杀虫，念衣食之由来，皆杀彼以自活。”屠人：以屠宰为生的人。

【译文】

以下每种善行都可以折算为三个功德：

受到别人一次无理对待而毫不生气。

任凭别人诽谤而不去辩解。

能够接受一次听起来让人感到很不舒服的、中肯而尖锐的批评。

不去责备一个应该受到责备的人。

劝告养蚕人、渔民、猎人、屠夫等以伤害生灵为职业的人改换自己的职业。

埋葬一只（头）自然死亡的牲畜。

准一功：

赞一人善[①]。

掩一人恶[②]。

劝息一人争。

阻人一非为事[③]。

济一人饥。

留无归人一宿。

救一人寒。

施药一服[④]。

施行劝济人书文[⑤]。

诵经一卷。

礼忏百拜[⑥]。

诵佛号千声。

讲演善法谕及十人[⑦]。

兴事利及十人[⑧]。

拾得遗字一千[⑨]。

饭一僧[⑩]。

护持僧众一人[⑪]。

不拒乞人。

接济人、畜一时疲顿[⑫]。

见人有忧，善为解慰。

肉食人持斋一日[⑬]。

见杀不食[⑭]。

闻杀不食[⑮]。

为己杀不食[16]。

葬一自死禽类。

放一生。

救一细微湿化之属命[17]。

作功果荐沉魂[18]。

散钱、粟、衣帛济人[19]。

饶人债负[20]。

还人遗物。

不义之财不取。

代人完纳债负[21]。

让地让产。

劝人出财作种种功德。

不负寄托财物[22]。

建仓平粜、修造路桥、疏河掘井、修置三宝寺院、造三宝尊像及施香烛灯油等物，施茶水、舍棺木一切方便等事[23]。

自"作功果"以下，俱以百钱为一功[24]。

【注释】

①赞一人善：赞助某个人行一次善事。赞，赞助，帮助。一说"赞"是赞美的意思。

②掩一人恶：为某人掩饰一次过错。掩，掩饰。对待别人要隐恶扬善，是古人所提倡的一种美德。《礼记·中庸》："子曰：'舜其大知也与！舜好问而好察迩言，隐恶而扬善，执其两端，用其中于民，其斯以为舜乎！'"

③阻人一非为事：阻止别人做一件错事。非为事，不该做的事情。

为，做。

④施药一服：施舍给别人一副药。服，量词。用于中药剂量，一剂为一服。

⑤施行劝济人书文：赠送、发行劝人向善、慈悲济世的书籍或文章。施，布施，赠送。行，发行，传播。

⑥礼忏百拜：以真诚之心叩拜佛祖等圣贤，向他们表达敬意，并对自己的过错进行忏悔。百拜，泛指多次叩拜。

⑦讲演善法谕及十人：讲解行善的法则，并且能够使十人明白其中的含义。谕，告诉别人并使别人明白。

⑧兴事利及十人：所做之事能够使十人获得益处。兴事，做事。

⑨拾得遗字一千：拾起写有一千字的纸张。古人认为文字为圣人所创，记载的是圣贤思想，所以非常珍惜有文字之纸，不可随意丢弃或污损。

⑩饭：用作动词。这里指提供斋饭。

⑪护持僧众一人：卫护一位僧尼。护持，卫护。

⑫疲顿：疲惫困顿。顿，困顿，困难。

⑬肉食人持斋一日：吃肉的人能够改吃素食一日。遵守佛法戒律，不吃荤食、过午不食叫“持斋”，后来多指吃素食。

⑭见杀不食：看到杀害动物的情形，就不再吃这一动物的肉。《了凡四训·积善之方》：“故前辈有四不食之戒，谓闻杀不食，见杀不食，自养者不食，专为我杀者不食。学者未能断肉，且当从此戒之。”

⑮闻杀不食：听到宰杀动物的声音，就不再去吃这一动物的肉。

⑯为己杀不食：不吃专门为自己宰杀的动物。

⑰救一细微湿化之属命：救助一只虫蛾之类的细小生命。细微，细小。湿化，又叫“湿生”。佛教把众生分为四大类：第一，卵生。指从蛋壳中出生的动物，如鸡鸭和各种鸟类。第二，胎生，又叫“腹生”。指从母胎中出生的动物，如人类、牛羊等。第三，湿生，

又叫“因缘生”。因各种湿气而生出的动物，如蚊虫等。第四，化生。不需要其他依托，凭着自身的业力而出生的，如天神、饿鬼、地狱众生等。以上所说的“卵生”“胎生”“湿生”“化生”，合称“四生”。属，类。

⑱作功果荐沉魂：邀请僧人举行超度法事，或者是依靠自己的功德去超度堕入三恶道（畜牲、饿鬼、地狱）中的灵魂。沉，沉入，堕入。

⑲散钱、粟（sù）、衣帛（bó）济人：广泛施舍钱财、食物、衣服等以救济贫困之人。散，广泛布施。粟，谷子。这里泛指粮食。帛，丝织物的总称。这里泛指衣服、布匹。

⑳饶人债负：免去别人的债务。饶，宽恕，不追究。这里指免除债务。债负，负债，债务。

㉑代人完纳债负：代替那些无力偿还债务的人去偿还债务。

㉒不负寄托财物：不贪取别人托付于自己的财物。负，辜负。这里指贪取。

㉓建仓平粜（tiào）：修建粮仓，于丰收年收购、储存粮食，于饥荒年再把粮食平价卖出。于丰收年建仓囤粮叫做“平籴（dí）”，于饥荒年平价卖出粮食叫做“平粜”，这样做的目的是为了稳定粮价。疏河：疏通河流。修置：修建，整修。三宝寺院：即佛教寺庙。佛教称佛祖、佛法、僧尼为“三宝”。方便：随方觅便，见机行事。即根据不同的情况去行善。

㉔自“作功果”以下，俱以百钱为一功：人们在做自“作功果荐沉魂”以下所说的各种涉及钱财的善事（如“散钱粟衣帛济人”“饶人债负”等）时，每付出一百钱为一个功德。钱，一枚普通的铜钱叫一钱。有些朝代还铸造所谓的“大钱”，一枚大钱可抵三十钱、五十钱等。

【译文】

以下每种善行都可以折算为一个功德：

赞助某个人行一次善事。

为某个人掩饰一次过错。

劝阻某个人一次争执。

阻止别人做一件错事。

提供一顿饭给饥饿之人。

留无家可归之人住一个晚上。

为受寒之人提供一次衣服。

施舍一副药物给病人。

赠送、发行劝人向善、慈悲济世的书籍或文章。

诵读经书一卷。

以真诚之心叩拜佛祖等圣贤，向他们表示敬意，并对自己的过错进行忏悔。

唱诵佛号一千声。

讲解行善的法则，并且能够使十人明白其中的含义。

所做之事能够使十人获得益处。

拾起写有一千字的纸张。

为僧尼提供一次斋饭。

保护一位僧尼。

不拒绝乞丐的乞讨。

接济、帮助一时疲惫、困顿的人或牲畜。

看到别人有了忧愁之事，便满怀善意地对他进行解释、安慰。

吃肉的人能够改吃素食一日。

看到宰杀动物的场面就不再吃这一动物的肉。

听到宰杀动物的声音就不再吃这一动物的肉。

不吃专门为自己宰杀的动物。

安葬一只自然死亡的禽鸟。

放生一只（头）生物。

救助一只虫蛾之类的细小生命。

邀请僧人举行超度法事，或者是依靠自己的功德去超度堕入三恶道（畜牲、饿鬼、地狱）中的灵魂。

广泛施舍钱财、食物、衣服等以救济贫困之人。

免去别人的债务。

归还别人遗失的财物。

不贪取不义之财。

代替那些无力偿还债务的人去偿还债务。

让出自己的土地与家产。

劝人拿出钱财做各种各样的功德之事。

不贪取别人托付于自己的财物。

建仓储粮以保证饥荒年粮价平稳、修路造桥、疏通河流、挖掘水井、修建佛教寺院、塑造佛教尊像，以及布施香烛、灯油等物，还有布施茶水、施舍棺木等等所有的根据具体情况所做的善事。

自“作功果荐沉魂”以下所说的各种涉及钱财的善事，都是以每付出一百钱为一个功德。

过格			
准百过			
致一人死		失一妇女节	
赞人溺一子女		绝一人嗣	
准五十过			
堕一胎		破一人婚	
抛一人骸		谋人妻女	
致一人流离		致一人军徒重罪	
教人不忠不孝大恶等事		发一言害及百姓	
准三十过			
造谤污陷一人		摘发一人阴私与行止事	
唆一人讼		毁一人戒行	
反背师长		抵触父兄	
离间人骨肉		荒年积囤五谷不粜生索	
准十过			
排擯一有德人		荐用一匪人	
平人一冢		凌孤逼寡	
受畜一失节妇		畜一杀众生具	
恶语向尊亲、师长、良儒		修合害人毒药	
非法用刑		毁坏一切正法经典	
诵经时，心中杂想恶事		以外道邪法授人	
发损德之言		杀一有力报人之畜命	
准五过			
讪谤一切正法经典		见一冤可白不白	
遇一病求救不救		阻绝一道路桥梁	
编纂一伤化词传		造一浑名歌谣	
恶口犯平交		杀一无力报人之畜命	
非法烹炮生物，使受极苦			

过格			
准三过			
嗔一逆耳言		乖一尊卑次	
责一不应责人		播一人恶	
两舌离间一人		欺诳一无识	
毁人成功		见人有忧,心生畅快	
见人失利、失名,心生欢喜		见人富贵,愿他贫贱	
失意辄怨天尤人		分外营求	
准一过			
没一人善		唆一人斗	
心中暗举恶意害人		助人为非一事	
见人盗细物不阻		见人忧惊不慰	
役人、畜,不怜疲顿		不告人取人一针一草	
遗弃字纸		暴弃五谷天物	
负一约		醉犯一人	
见一人饥寒不救济		诵经差漏一字句	
僧人乞食不与		拒一乞人	
食酒肉五辛,诵经登三宝地		服一非法服	
食一报人之畜等肉		杀一细微湿化属命以及覆巢破卵等事	
背众受利,伤用他钱		负贷	
负遗		负寄托财物	
因公恃势乞索、巧索,取人一切财物		废坏三宝尊像以及殿宇、器用等物	
斗秤等小出大入		贩卖屠刀、渔网等物	
*自“背众受利”以下,俱以百钱为一过。			
共计：　　过			

准百过：

致一人死。

失一妇女节。

赞人溺一子女[1]。

绝一人嗣。

【注释】

①赞人溺一子女：帮助别人溺死一个刚刚出生的子女。赞，赞助，帮助。

【译文】

以下每种恶行都可以折算为一百个过失：

导致一人死亡。

使一位妇女失去自己的贞节。

帮助别人溺死一个刚刚出生的子女。

断绝一个人的子嗣。

准五十过：

堕一胎。

破一人婚。

抛一人骸。

谋人妻女[1]。

致一人流离。

致一人军徒重罪。

教人不忠、不孝大恶等事。

发一言害及百姓。

【注释】

①谋人妻女：用各种手段去霸占或诱奸别人的妻子、女儿。

【译文】

以下每种恶行都可以折算为五十个过失：

堕掉一个胎儿。

破坏一个人的婚姻。

抛弃一具人的尸骨。

用各种手段去霸占或诱奸别人的妻子、女儿。

导致一个人流离失所，无家可归。

导致一个人犯下发配充军的重罪。

挑唆别人去做不忠、不孝等大恶之事。

发表伤害百姓的言论。

准三十过：

造谤污陷一人①。

摘发一人阴私与行止事②。

唆一人讼。

毁一人戒行③。

反背师长。

抵触父兄。

离间人骨肉。

荒年积囤五谷不粜生索④。

【注释】

①造谤：造谣，诽谤。污陷：诬陷。

②摘发：揭发，宣扬。阴私：隐私。行止：动静，进退。这里泛指行为

举止。《弟子规》:“人有短,切莫揭;人有私,切莫说。”

③毁一人戒行:破坏一位修行人的清净戒行。如诱骗僧尼吃肉饮酒等。

④五谷:古代有多种说法,主要有两种。一指稻、黍(黍子)、稷(谷子)、麦、菽(豆类);一指麻、黍、稷、麦、菽。这里泛指粮食。粜(tiào):卖粮食。这里专指平价卖粮。生索:生存所需。索,需求。

【译文】

以下每种恶行都可以折算为三十个过失:

造谣、诽谤、诬陷别人。

揭露、宣扬别人的隐私与某种行为。

挑唆一个人去打官司。

破坏一位修行人的清净戒行。

背叛自己的师长。

顶撞自己的父辈与兄长。

离间别人的骨肉关系。

饥荒年囤积粮食,不愿平价出售以满足饥民的生存所需。

准十过:

排摈一有德人①。

荐用一匪人②。

平人一家③。

凌孤逼寡④。

受畜一失节妇⑤。

畜一杀众生具⑥。

恶语向尊亲、师长、良儒⑦。

修合害人毒药⑧。

非法用刑。

毁坏一切正法经典⑨。

诵经时，心中杂想恶事。

以外道邪法授人⑩。

发损德之言。

杀一有力报人之畜命。

【注释】

①排摈（bìn）：排斥，排挤。摈，抛弃，排挤。

②匪人：行为不端正的人，坏人。

③平人一冢（zhǒng）：铲平、破坏别人的一座坟墓。冢，坟墓。

④凌孤逼寡：欺凌威逼孤儿、寡妇。凌，欺凌，侮辱。

⑤受畜一失节妇：接受、收养一个失去贞节的妇女。蓄，蓄养，收养。

⑥畜一杀众生具：收藏或购置一种杀生用的工具。如渔网、兽夹等。

⑦尊亲：父母。良儒：德才兼备的读书人。

⑧修合：配制，制造。

⑨正法经典：宣扬正确思想的经典。如佛经、儒经等。

⑩外道：佛教称其他宗教及思想为外道。这里应指不正确的思想，因为就《了凡四训》的内容看，无论是袁了凡，还是云谷禅师，对儒家、道家思想同样持肯定态度。

【译文】

以下每种恶行都可以折算为十个过失：

排斥一位品德美好的人。

举荐、重用一个行为不端的坏人。

铲平、破坏别人的一座坟墓。

欺凌威逼孤儿、寡妇。

接受、收养一个失去贞节的妇女。

收藏一种杀害众生灵的工具。

对父母、师长、德才兼备的读书人恶言恶语。

配制害人的毒药。

非法使用刑罚。

毁坏一切内容正确的经典。

诵读经书时，心里还在想着去做坏事。

把各种不正确的邪法授予他人。

发表一些有损于美德的言论。

杀害一个有力量报答人类的牲畜的生命。

准五过：

讪谤一切正法经典①。

见一冤可白不白②。

遇一病求救不救。

阻绝一道路桥梁③。

编纂一伤化词传④。

造一浑名歌谣⑤。

恶口犯平交⑥。

杀一无力报人之畜命。

非法烹炮生物⑦，使受极苦。

【注释】

①讪谤：诽谤，诋毁。讪，诋毁，讥笑。

②可白不白：能够为他人洗刷冤枉却不去为他人洗刷。白，洗白，弄明白。这里指伸冤。

③绝：断绝，截断。

④伤化：有伤于风化。词传：曲词与传记。

⑤造一浑名歌谣：擅自为别人起一个外号，或者为谋取利益而编造一首歌谣。浑名，即"诨名"。绰号，外号。随意为别人起外号，是对别人的不尊重。造歌谣是古代非常忌讳的事情，因为经常有人用编造歌谣的方式去陷害别人。《北史·斛律金列传》："周将韦孝宽惧光，乃作谣言，令间谍漏之于邺曰：'百升飞上天，明月照长安。'……令小儿歌之于路。"文中说的"光"指斛律光。斛律光字明月，是北齐大将，他英勇善战，治军严明，不营私利，对北周造成极大威胁。北周将军韦孝宽为了清除斛律光，便编造儿歌，让儿童在道路上四处歌唱，儿歌中的"百升"暗指"斛（百升为一斛）"，"明月"暗指斛律光，用"飞上天""照长安"暗指斛律光有篡夺北齐政权的野心。后来斛律光果然以谋反罪被北齐朝廷所杀，并被灭族。另外，还有人为起兵反抗朝廷而编造歌谣，如陈胜起兵前编造歌谣"大楚兴，陈胜王"（《史记·陈涉世家》），元朝末年百姓造歌谣"石人一只眼，挑动黄河天下反"（《元史·五行志二》）等等。历代朝廷视此类歌谣为"妖言""诗妖"，严加限制。

⑥平交：指有交往的平辈之人。咒骂平辈，记五过，如果是冒犯长辈，则记三十过、十过。

⑦非法：不合法度。指不该杀生时而去杀生。烹炮生物：烹煮、烧烤活着的动物。炮，烧烤。

【译文】

以下每种恶行都可以折算为五个过失：

诋毁、讥笑内容正确的所有经典。

看到一个受到冤枉的人，能够为他伸冤却不去为他伸冤。

遇到一个病人求救而不去救治。

阻拦、截断一条道路或一座桥梁。

编纂一本有伤风化的词曲、传记。

为别人捏造一个诨名，为谋取个人或集团利益而编造一首歌谣。

咒骂有交往的平辈人。

杀害一只（头）无力回报人类的牲畜的生命。

不合法度地去烹煮、烧烤活着的动物，使它受到极端的痛苦。

准三过：

嗔一逆耳言。

乖一尊卑次①。

责一不应责人。

播一人恶。

两舌离间一人②。

欺诳一无识③。

毁人成功。

见人有忧，心生畅快。

见人失利、失名，心生欢喜。

见人富贵，愿他贫贱。

失意辄怨天尤人④。

分外营求⑤。

【注释】

①乖一尊卑次：搞乱一次尊卑秩序。乖，违背，搞乱。

②两舌：先后讲话不一致，或者对双方讲话不一样。即挑拨是非，离间他人。

③欺诳：欺骗。无识：较为愚笨的人。一说指对某种事物无知的人。

④失意：生活不得意。辄：就。尤：指责，归罪。

⑤分外营求：去追求本分之外的名利富贵。

【译文】

以下每种恶行都可以折算为三个过失：

听到中肯而尖锐的批评后感到生气。

搞乱一次尊卑秩序。

责备一次不应该责备的人。

传播一次别人的过错。

搬弄是非以挑拨离间别人的关系。

欺骗一位较为愚笨的人。

破坏别人的事业，不让别人成功。

看到别人遇到忧愁之事，心里感到十分舒畅。

看到别人失去财富、丧失名誉时，心里感到非常高兴。

看到别人富贵了，就希望别人变得贫贱。

生活不得意时，就去抱怨上天、归罪别人。

追求不属于自己的名利富贵。

准一过：

没一人善①。

唆一人斗。

心中暗举恶意害人②。

助人为非一事。

见人盗细物不阻③。

见人忧惊不慰。

役人、畜④，不怜疲顿。

不告人取人一针一草。

遗弃字纸。

暴弃五谷天物[5]。

负一约[6]。

醉犯一人[7]。

见一人饥寒不救济。

诵经差漏一字句。

僧人乞食不与。

拒一乞人。

食酒肉五辛[8],诵经登三宝地[9]。

服一非法服[10]。

食一报人之畜等肉。

杀一细微湿化属命,以及覆巢破卵等事[11]。

背众受利[12],伤用他钱[13]。

负贷[14]。

负遗[15]。

负寄托财物。

因公恃势乞索、巧索[16],取人一切财物。

废坏三宝尊像以及殿宇、器用等物。

斗秤等小出大入[17]。

贩卖屠刀、渔网等物。

自“背众受利”以下,俱以百钱为一过。

【注释】

①没(mò)一人善:埋没、遮掩别人的善言善行。

②暗举：暗中生出。举，出现，生出。

③细物：不贵重的财物。细，细微，不贵重。

④役人、畜：使用人力与牲畜。役，役使，使用。

⑤暴弃：糟蹋，抛弃。暴，伤害，糟蹋。天物：自然界的物产。

⑥负一约：违背一次约定。

⑦醉犯一人：喝醉后冒犯别人一次。

⑧五辛：五种具有辛辣味道的蔬菜。佛教称葱、蒜、韭、薤（xiè，藠头）、兴渠（产于新疆、印度一带，味道如大蒜）为“五辛”。按照佛教戒律，佛教信徒不许食用五辛。

⑨三宝地：指佛寺僧舍。也即佛教圣地。

⑩服：穿戴。非法服：不符合礼仪法度规定的服装。法服，礼仪规定的标准服装。僧人穿的袈裟也叫法服。

⑪覆巢破卵：打翻鸟巢，击破鸟卵。

⑫背众：违背公众利益。

⑬伤用他钱：不合理地使用别人的钱财。伤，败坏，不合理。

⑭负贷：借钱不还。

⑮负遗：拾到别人遗失的财物不归还。

⑯因公恃势乞索、巧索：依仗公家的名义与权势巧取豪夺别人的财物。因，凭借，依仗。恃，依仗。索，求取。

⑰斗秤等小出大入：在使用斗、秤等量具时，用小斗、小秤卖货物给别人，用大斗、大秤收进货物。即在量具上面作弊。

【译文】

以下每种恶行都可以折算为一个过失：

埋没、掩遮一次别人的善言善行。

挑唆别人争斗一次。

心里暗暗产生害人之意。

帮助别人做一次不该做的事情。

看到别人偷盗细微的财物而不加以劝阻。

看到别人忧愁、恐惧时，而不进行安慰。

在役使人力与牲畜的时候，不同情他们的疲惫困顿。

没有告诉别人，就擅自拿走别人的一针一草。

抛弃有字的纸张。

糟蹋、抛弃五谷等自然界的物产。

违背一次约定。

喝醉后冒犯别人一次。

看到别人饥寒而不去救济。

诵读经书时，读错或者读漏了一个字、一句话。

僧人来乞食而不施与。

拒绝一次乞丐的乞讨。

吃了酒、肉与葱、蒜、韭、薤、兴渠等五种辛辣蔬菜以后，还去念诵佛经，或者进入佛寺与僧舍。

穿戴不符合礼仪法度的服装。

食用一次能够回报人类的牲畜的肉。

杀死一个细小的虫蛾之类的生命，以及做打翻鸟巢、击破鸟卵等事情。

违背公众利益而去接受别人的财物，不合理地使用别人的钱财。

借贷不还。

拾到别人遗失的财物而不归还。

贪取别人托付给自己的财物。

凭借公家名义与权势去巧取豪夺，贪取别人的任何财物。

毁坏佛像以及寺庙、法器等事物。

用小斗小秤卖出货物，用大斗大秤收进货物。

贩卖屠刀、渔网等杀生工具。

做“背众受利”以下各项恶事时，每欠人一百钱或者获取不义之财一百钱，可折算为一个过失。

中华经典名著
全本全注全译丛书
（已出书目）

周易
尚书
诗经
周礼
仪礼
礼记
左传
春秋公羊传
春秋穀梁传
孝经·忠经
论语·大学·中庸
尔雅
孟子
春秋繁露
说文解字
释名
国语
晏子春秋
穆天子传
战国策
史记
吴越春秋
越绝书
华阳国志
水经注
洛阳伽蓝记
大唐西域记
史通
贞观政要
东京梦华录
唐才子传
廉吏传
徐霞客游记
读通鉴论
宋论
文史通义

老子
道德经
鹖冠子
黄帝四经 · 关尹子 · 尸子
孙子兵法
墨子
管子
孔子家语
吴子 · 司马法
商君书
慎子 · 太白阴经
列子
鬼谷子
庄子
公孙龙子(外三种)
荀子
六韬
吕氏春秋
韩非子
山海经
黄帝内经
素书
新书
淮南子
九章算术(附海岛算经)
新序
说苑
列仙传
盐铁论
法言
方言
潜夫论
政论 · 昌言
风俗通义
申鉴 · 中论
太平经
伤寒论
周易参同契
人物志
博物志
抱朴子内篇
抱朴子外篇
西京杂记
神仙传
搜神记
拾遗记
世说新语
弘明集
齐民要术
刘子
颜氏家训
中说

帝范·臣轨·庭训格言
坛经
大慈恩寺三藏法师传
茶经·续茶经
玄怪录·续玄怪录
酉阳杂俎
化书·无能子
梦溪笔谈
北山酒经(外二种)
容斋随笔
近思录
传习录
焚书
菜根谭
增广贤文
呻吟语
了凡四训
龙文鞭影
长物志
天工开物
溪山琴况·琴声十六法
温疫论
明夷待访录·破邪论
陶庵梦忆
西湖梦寻
幼学琼林
笠翁对韵
声律启蒙
老老恒言
随园食单
阅微草堂笔记
格言联璧
曾国藩家书
曾国藩家训
劝学篇
楚辞
文心雕龙
文选
玉台新咏
词品
闲情偶寄
古文观止
聊斋志异
唐宋八大家文钞
浮生六记
三字经·百家姓·千字文·弟子规·千家诗
经史百家杂钞